游戏设计信条

从创意到制作的设计原则

[法] Marc Albinet ——— 著　　路遥 ——— 译

Concevoir
u　　　　　n
j　　　e　　　u o
v　i　d　é　o

人 民 邮 电 出 版 社

北 京

图书在版编目（CIP）数据

游戏设计信条：从创意到制作的设计原则 /（法）
马克·阿尔比奈（Marc Albinet）著；路遥译 . -- 北京：
人民邮电出版社，2018.4（2023.7重印）
  ISBN 978-7-115-48021-7

Ⅰ . ①游… Ⅱ . ①马… ②路… Ⅲ . ①游戏程序—程
序设计 Ⅳ . ① TP317.6

中国版本图书馆 CIP 数据核字（2018）第 042683 号

Original Title: *Concevoir un jeu vidéo* (3e edition) by Marc Albinet
© FYP Éditions, 2015
Current Chinese translation rights arranged through Divas International, Paris
巴黎迪法国际版权代理 (www.divas-books.com)
本书中文简体字版由 FYP Éditions 授权人民邮电出版社独家出版。未
经出版者书面许可，不得以任何方式复制或抄袭本书内容。
版权所有，侵权必究。

内 容 提 要

本书是游戏设计的实用参考指南，全面介绍了电子游戏的设计理念和基
本方法。作者综合各方面知识，剖析游戏的设计规则和运作原理，为构思、制
造独特而有趣的游戏提供了一套有效方法，从脚本立意、玩家体验、互动效果、
生产流程等角度讲述了游戏设计的关键核心，提出了游戏可玩性 12 项原则等
独到见解，解答了游戏设计者们不可回避的诸多问题。

◆ 著　　　　　　[法] Marc Albinet
　　译　　　　路　遥
　　责任编辑　戴　童
　　责任印制　周昇亮
◆ 人民邮电出版社出版发行　　北京市丰台区成寿寺路 11 号
　　邮编　100164　　电子邮件　315@ptpress.com.cn
　　网址　https://www.ptpress.com.cn
　　北京九州迅驰传媒文化有限公司印刷
◆ 开本：880×1230　1/32
　　印张：6.25　　　　　　　　　　2018 年 4 月第 1 版
　　字数：140 千字　　　　　　　2023 年 7 月北京第 13 次印刷
　　著作权合同登记号　图字：01-2016-7261 号

定价：49.00 元
读者服务热线：(010) 84084456-6009　印装质量热线：(010) 81055316
反盗版热线：(010) 81055315
广告经营许可证：京东市监广登字 20170147 号

序

　　《游戏设计信条：从创意到制作的设计原则》是一本非常实用的游戏设计指引手册，从游戏设计的历史入手，分析了电子游戏设计的行业现状，系统介绍了游戏制作流程中各个环节的关键点，并逐一阐述了这一过程中可能用到的制作工具、设计方法论，乃至遇到的种种问题——小到提供专业知识的网站推荐，大到梳理游戏设计、制作、大规模生产的完整流程。全书展现出了"教科书式"的严谨，又轻松易懂，无论是否为游戏行业从业者或专业学生，都可以视其为一本工具书，在其指导下着手设计第一款自己的游戏。而对于那些在游戏设计方面已经有一定设计经验的读者而言，它也可视为一种指引，对自己已有知识与经验进行回顾、检验、补充与反思。

　　本书的作者 Marc Albinet 是迪士尼和育碧游戏等多家游戏公司AAA 级游戏设计总监，他在大学期间受到艺术熏陶，对游戏有着独到的眼光，并认为游戏设计者应共同努力引领电子游戏超越简单的娱乐。他将电子游戏定义为一门新兴艺术，一门"创造'优秀可玩性'的艺术"。他还指出，电子游戏在发展的几十年间，已然形成了自己的一套艺术语言。基于这一观点，作者尤其关注游戏制作的意图、希望表现的主旨，以及游戏对玩家产生的影响等方面。

　　此外，作者毕业于剧作、电视与电影制作专业，其专业素养带来的影响也贯穿于对游戏设计的分析之中，为读者提供了一种与众不同的学术视角。正如书中所讲，"我的观察角度大多围绕着游戏与电影及电影文学之间的比较展开"，这样的对比尤其能展现出电子游戏在创意表达方面的特质。再如，在讨论"游戏会给玩家带来何种影响"时，作者以《变形金刚》《拯救大兵瑞恩》《荒野生存》三部电影为例，阐述了艺术作品给人的震撼可能源于"审美冲击""视觉冲击""强烈的沉浸感"这三个层面，而电子游戏则需进一步将主旨融入游戏的"可玩性"之中。这些观点对于游戏制作者进行脚本设计、剧本写作、情感处理、游戏价值观传达等方面会起到很大帮助。

　　在书的最后一部分，作者展望了电子游戏的未来，特别指出了围绕着新工具（全新媒介）构建的游戏将带来全新的体验，游戏制作者对此需要积极地思考，为游戏设计做出选择，创作更出色的作品，不断地推动游戏发展。而这正是我们这些教育者当前关注的热点，即基于未来媒体的电子游戏应该展现出怎样的特质？如何使内容与形式相契合，从而尽最大可能激发电子游戏的潜能？希望这本书能够给大家带来启发。

　　　　　　　中央美术学院未来媒体与游戏设计工作室导师　张兆弓

前　言

电子游戏语言

无论是谁都无法避开当下的电子游戏风潮。可你是否想过，自己也可以制作一款电子游戏呢？

这本书就是写给所有想要了解电子游戏、学习游戏制作的人，力求全面介绍电子游戏语言，以及现今专业人士使用的各种设计方法。阅读本书不需要任何编程能力或其他专业技能，读者只要玩过电子游戏就应当能理解我所写的内容。

我曾在一家法国大型游戏工作室担任创意总监长达十年之久，在电子游戏专业领域也工作了逾二十年。我在这本书中汇总了当今专业领域使用的所有设计流程和工具，既没有过多简化也没有刻意更改相关知识，因为内容都很简单、很容易理解。其实，唯有艺术品质、技艺经验和日常使用技巧才让知识显得更加专业化。

学习游戏设计方法貌似很丰富，但真正的资源很有限。书中介绍的设计工具也使用了这些资源，而且它们不分主次轻重。我将向大家展示的设计方法来自以下四类资源。

- 专业网站[①]上定期发布的文章和教程提供了源源不断的专业

[①] 如主流专业网站 www.gamasutra.com。

知识，我们可以借此学习、读懂专业的设计方法。这些资源通常是一些个人思考和后验经验，即游戏设计和制作的技术总结。通过这种发布渠道，往往需要"保密"的大量内部经验和设计方法，得以广泛流传。

- "游戏开发者大会"（Game Developers Conferences）已经举办了很多年，每年在全球各地举行多次。数千位游戏开发领域的专业人士与会，分享自己的经验。这些大会有不同级别的领域，涉及所有游戏创作专业，如制作、音效、程序设计、游戏设计、视觉效果等。大会本身的目的就是为了分享游戏制作中的相关经验、理论和设计方法。

- 发掘游戏设计新方法的第三种途径，就是参与大型游戏开发公司的工作流程。我有幸与若干大型公司合作，从中学习到不少新视角，在很大程度上拓展了我对工作流程和设计工具的认知，尤其是对这些年随着电子游戏发展而逐渐形成的游戏语言元素加深了理解。

- 最后，第四种积累游戏设计知识的途径便是个人经历和经年累月的时间投入，无论是自己担任项目设计者，或是指导其他设计人员。二十多年的游戏设计经验给了我必要的专业能力，来理解和思考设计方法，看清设计工具创造的发展方向。通过在各类项目中不断尝试、自创理论、验证设计方法，我才能不断充实个人经验，并有了这些年的小成就。

在我眼中，游戏设计知识总带有一丝别样的色彩，这与我在大学所受到的艺术影响分不开。事实上，大学时代给予我在美学、电影史和电影分析上的启蒙教育，总让我用特殊的学术眼光审视游戏设计历程。我的观察角度大多围绕着游戏与电影及电影文学之间的比较展开。

电影发展的头三十年有两大标志性现象：一方面是从零散、自发的活动向娱乐工业的过渡；另一方面是一种"电影语言"的逐步形成，即在影片设计和制作过程中使用统一的机制，从而向观众提供易于理解、接受和欣赏的观赏体验。

电子游戏自诞生以来就体现出了相同的两大趋势：它从一种谈不上拥有任何经济或文化价值的娱乐活动，演变成一项主流产业；如今，电子游戏也具备了自己的语言，能创造一种丰富的感官与情感体验，演化为一门纯粹的艺术。

不可否认，电子游戏业尽管起步不久，却已经逐渐演变为一门戏剧化艺术。当图像、声音、表演正在不断失去想象空间时，电子游戏凭借充分的互动自由，呈现出其独有的、崭新的戏剧艺术特质。关键人物不再是剧中的角色，而是化身演员、身处其中的玩家。他不再仅是观察游戏角色一举一动的旁观者，从此以后，他将决定角色之所为，体会角色之所感。

本书将向读者阐述电子游戏语言的由来，展现简单的游戏语言中蕴藏的丰富创意能力。如同电影和戏剧一样，游戏的创意工具并不甚多，而且很容易理解和使用。这些词语能够帮助大家理解并构造游戏创意表达的语句。若你有什么想法希望通过游戏创作来表达，本书正好提供了一些方法。通过这些方法，我们将了解游戏的工作方式、传递的内容以及在玩家身上造成的反应。

借助基本而实用的创意工具，我们就能依据简单的原理开始设计游戏，比如那些遍布网络和智能手机的小游戏。

如果你已经是精通游戏编辑工具的高手，本书可以帮你架构或改进模组（mods），对游戏关卡进行组织和优化，或者帮你规划、管理严肃游戏（serious game）的设计，有效控制制作过程及预算。

本书的主旨就是为有意了解、创作游戏的人提供一些简单、易懂的秘诀和方法。可以说，这是写给所有人的游戏设计书。

目　　录

第一部分

设计工具

第1章

行业现状

A. 游戏设计简史 [①]：电子游戏的过去、现在与未来

电子游戏距今有近 40 年的发展历程。大约在 20 世纪 70 年代末期，出现了第一批真正的电子游戏：《弹球游戏》（*Pong*）、《保卫者》（*Defender*）、《太空侵略者》（*Space Invaders*）等游戏的问世，标志着电子游戏商业运作的实质性开端。

20 世纪 70 至 80 年代初，电子游戏开始出现在街机游戏厅和当年的游戏机里。就像早期电影一样，电子游戏厅以无可阻挡的势头迅速受到大众欢迎，好比爱迪生的活动电影放映机和中国古代神奇的"走马灯"[②]。

[①] 游戏设计（game design）指电子游戏的理论设计，设计内容包括游戏风格、模式（即可玩性）以及游戏类型，等等。

[②] 活动电影放映机发明于 1888 年，是最早的电影播放设备之一。通过一扇小窗，仅供单人观看一些短片。活动电影放映厅的开放让大众得以观看影片。"走马灯"是投影设备的前身，以玻璃制成的画片，循环展示。走马灯的诞生可以追溯到中国古代，在 17 世纪便成为中国集市上的经典娱乐活动。

早期的电子游戏凭借科技手段让人们惊叹不已，其中的电子计算机技术尤为令人好奇。电子游戏令人开心，引人入胜，激发所有人的想象空间。在那个年代，大荧幕上的科幻影片，如《银河战星》《星球大战》《外星人 E.T.》等，正从低成本的 B 级片成功地向大众娱乐迈进。电子游戏就像是想象空间的延伸，连结着未来的科幻世界，但还远远谈不上是艺术创作。游戏开发者只是将文学或电影作品移植过来，题材以英雄魔幻世界居多，玩家操控的角色也一定是拯救世界或援救公主的"正派"人物。

在接下来的数年间，交互性始终未被视为游戏的基本要素，隐藏在一些相关元素——技术与表现形式的身后。这些元素也是不可或缺的，取决于机器硬件 ① 能够提供的性能。

1▓ 20 世纪 80 年代：从手工业到产业化

电子游戏也曾经历过市场的巨变：游戏机混战、个人计算机出现、大众痴迷、制作的狂热。当 20 世纪 80 年代即将走过一半的时候，电子游戏遭遇了它的第一次经济危机 ②。

此前一直停留在手工作坊生产模式的电子游戏业，就此开始了产业化进程。电子游戏在这十年间大获成功，而在 1983 年首次危机结束之后，游戏市场也呈现指数阶增长，电子游戏从手工业开始转型为大规模产业。危机让行业先经历了失败后再次强势反转，为之

---

① 硬件指的是器材、设备本身，以及计算机拥有的性能。

② 大量游戏出版商和制造商充斥市场，加上个人电脑带来的冲击，造成了 1983 年电子游戏市场的"崩盘"，日本借此从美国手里抢过家用游戏机市场的王位，同时，产业迎来了针对游戏开发者的严格规定。

后更大的成功做好了铺垫。

这个时期的游戏创作者们还远远不具备真正的游戏设计方法。至此，游戏创作还是带有实验性质的手工式创作，完全从设计者自身出发，依照其本人或设计团队的想法来实现，丝毫不考虑玩家的感受。

◈ 技术出身的游戏创作者

在 20 世纪 80 年代之初，游戏主创几乎是清一色的程序员，没有艺术家，传统戏剧作家和设计师更是少之又少。技术人才不断从微型计算机领域涌现。游戏首先被当作计算机程序。一旦需要图像设计，程序员都能亲自上阵。但是，由于技术要求十分苛刻，游戏设计者的首要条件还是具备技术背景。

◈ "像素画家"的出现

同时期，图像设计师或"像素画家"的出现，也是值得一提的事情。机器并未给图像设计留下多少发挥余地，实现真正意义上的艺术设计。在种种限制下，能将像素摆放在恰当的位置，尽可能逼真地展示所要描绘的物体，这是一项独立的专业技能。

然而到了 20 世纪 80 年代中期，出现了性能更强大的计算机：从黑白的 ZX81 到彩色的 Amstrad CPC，或具有更高图像分辨率的 16 色 Commodore 64，甚至是能显示 4096 色静止图像且分辨率几乎可以与当时的电视机媲美的 Atari ST 和 Amiga。十年之间，图像设计师的作用变得至关重要。图形和图像艺术进入了电子游戏创作领域，整个行业向艺术迈出了第一步。然而，对游戏趣味性的考量尚不存在。就像莫里哀《贵人迷》中的汝尔丹先生不知不觉地创作散文诗一样，人们也在无意中进行着可玩性和游戏设计的探索。

可玩性（gameplay）①一词源于英文"How the game plays"这句话的省略，原意是"游戏怎么玩？"可玩性指的是游戏设计和制作中采用的所有规则和各种元素，既涉及游戏的玩法，也针对游戏内容本身。当人们谈到可玩性时，往往会将它与"游戏机制"的概念联系起来。事实上，一款游戏并非信手拈来，它是精心构造的成果，是给玩家各种规则和可能性的结合体，目的是创造游戏的乐趣。

游戏设计就是一门创造"优秀可玩性"的艺术。怎样才能让游戏从一开始就有趣，而且越玩越有趣呢？游戏应该具备怎样的难度？如何构造游戏的节奏、难度、奖赏机制，才能让可玩性随着玩家在逐渐深入游戏的进程中不断重现呢？

但在 20 世纪 80 年代，只有任天堂和投币机②的开发者通过对游戏核心的研究，在可玩性的研究中取得了长足进展。那时，任天堂已经创造了一套早期游戏设计概念，而行业里的大多数人还不了解"可玩性"这个概念。当时，街机游戏也发明了一些理论术语，在同时期的任天堂产品里也能找到类似理念——他们都是各自领域的先锋。

2▪ 20 世纪 90 年代：电子游戏大众化

在 20 世纪 80 年代这十年间，电子游戏行业从萌芽发展成为大众消费行业。电子游戏改头换面，成为经济领域的重要力量，从娱

---

① 可参阅人民邮电出版社出版的《游戏性是什么：如何更好地创作与体验游戏》。——编者注
② 投币机（coin-op，源自 coin operated）指的是游戏厅或酒吧里的投币式游戏机。

乐市场的无名小卒变身成为家喻户晓的领军行业。

◈ 投币机的消亡

20 世纪 90 年代见证了电子游戏在技术和表现形式上的大爆发、个人电子游戏的商业成功，以及随之而来的街机游戏厅的消亡。

在这两个十年的交替之际，计算机 Amiga 和 Atari ST 先后出现，继而又被 Super Nes 和 Sega Mega Drive 取代。电子游戏的视觉性能大幅提高，对街机游戏造成了直接冲击。像 Neo-Geo 这样的游戏机就可以实现等同于街机的画质。[①]

随着显卡的发展，个人计算机带来了更加惊艳的图像显示，也对街机游戏造成了冲击。同样的技术性能一旦进入家庭，投币机就被排挤，慢慢消失。

◈ PlayStation 的来临

1995 年，索尼推出了 PlayStation 游戏机，而世嘉和任天堂也同时分别推出了 Saturn 和 N64 两款游戏机。和街机相比，这些游戏机具备相同的技术水平和质量，最终敲响了投币机游戏的丧钟——电子游戏也结束了自己在"露天集市"的生存状态。

索尼的 PlayStation 游戏机推行了强势的大众营销策略，迅速成为热门。PlayStation 一词也变成了电子游戏领域不可不谈的文化标杆。

《超级马里奥 64》《古墓丽影》《生化危机》等游戏引领大众走进电子游戏世界的全新维度。业内也开始讨论"如何设计游戏"的问题。3D 游戏凸显出了角色控制、动作和显示视角这三者之间的紧密

---

① 可参阅人民邮电出版社出版的《家用游戏机简史》。——编者注

联系问题。此时出现的 3C 元素（角色、控制、视角），更是当今电子游戏语言中最基本的元素。

◈ 对故事叙述的渴求

随着表现形式的发展和技术的进步，电子游戏设计在娱乐理论上没能取得太大进步，而更多是在游戏的形式质量上获得了提升。

在 20 世纪 90 年代，游戏中出现了剧情画面和声音录制。从图像设计到表现和存储工具，都得到了质的飞跃，人们甚至开始讨论"交互电影"。

有了视觉质量的保证，叙事性自然而然就更受重视，设计者需要创作、剪切、导演游戏中的剧情画面。个人计算机上的冒险游戏能大获成功，就得益于图像质量和冒险体验的提升，这包括了优秀的故事和剧情、游戏中遇到的人物、场景、对话和情势变化，等等。众多游戏发行商开始纷纷求助于著名的图像设计师、剧本写作家和才华横溢的作家。然而，如果游戏本身的质量与故事质量无法达到同一个高度，此类合作也不可能成为成功的保障。

但是，人们尚未掌握电子游戏语言，因为这种语言还未形成。在具备成熟的戏剧实力和实质性基础之前，电子游戏必须理解并掌握自己的根基——可玩性与游戏设计。

3▪ 21 世纪初：电子游戏语言的形成

20 世纪 90 年代这十年间出现了交互游戏艺术的语言和灵魂——游戏设计。针对可玩性的设计工具形成，电子游戏的地位也从大众产品变成了大规模产品。

此前二十年里发展出的游戏专业知识大多基于经验。设计者们讲求的是多年经验和项目经历。但随着 3D 游戏的发展，设计者不得不更多地考虑玩家感受，考虑他们对游戏的理解和玩游戏的资深程度。游戏受众不断扩大，让设计、制作游戏的效率成为关注的焦点。

◈ 美国的先驱者

英语国家，尤其是美国，率先提出了"游戏设计"。这一概念很快成了游戏设计领域讨论、分享和理论化的主要命题。有发言者在游戏开发者大会上提出，应当约定一套所有游戏通用的词汇和语法。还有人提出确立"设计准则"，即在游戏设计中优先遵循的推荐方法。

行动基础一经确立，大多数游戏发行公司就开始了相关的思考和理论化工作。

◈ 法国的游戏设计

法国理所当然也成为推进这一行动的主要力量。育碧公司（Ubisoft）的基础研究提出了一套有力的设计工具，包括前所未有的设计准则、方法和创作流程。这些理论传播到全球的设计团队，之后也在一些电子游戏学校教授。然而，方法和语言的确立并不是全部，将其传播、推广并被设计团队广泛接受，才意味着发展能够延续下去。时至今日，我们也还处在这一发展进程的初期阶段。

我曾效力于法国一家独立工作室，为当时法国最大的独立工作室 Doki Denki 建立了一套设计流程，确立了关键的常用设计机制。我们将这些方法应用到迪士尼公司授权游戏《跳跳虎的蜂蜜猎人》

（*Tigger's Honey Hunt*）的设计工作中，该游戏获得了英国电影和电视艺术学院的"最佳儿童游戏奖"[①]。

同一时期还萌生了一些如今已被清楚界定的重要理论、创作方法和设计方法。今天，大家都还在努力丰富这些理论和方法，但可以肯定的是，它们构成了电子游戏语言的基础。在法国，不少研究者一直致力于电子游戏的研发，并不断有新的突破。方法和理论的确立，游戏语言的诞生，让游戏设计师从理论角度对游戏进行构造，检查游戏制作过程是否合理。就像电影拥有基于剪辑原则、镜头远近、视角和连接类型等的电影语言，电子游戏也有了自己的语言。

这些规范被提出、确立，最终被玩家吸收和同化，它们简单、直观到足以让新手迅速理解。于是，接下来的焦点就是把握情感，创造出独一无二、引人注目、充满内涵的体验，创作一件完整、能打动玩家，甚至改变玩家世界观的作品。全新游戏设计理念的时代已经来临——精心设计的可玩性、优秀的戏剧创作和高质量的游戏导演，巧妙地结合在一起。此时，缺乏深度和戏剧创作能力，成了电子游戏前进路上的绊脚石，让游戏设计者头痛不已。不过，设计者的个人经验和戏剧艺术理论知识应该很快就能提高，让他们有能力创作第一批伟大的电子游戏作品。

B. 什么是电子游戏的体验?

电子游戏带来的乐趣是什么? 我们该怎样定义游戏体验?

[①] 英国电影和电视艺术学院（BAFTA）颁发的丰厚奖赏涵盖所有文化领域，类似于法国的凯撒电影奖。

1▇ 游戏的词源及定义

游戏与工作相对，游戏时间必然不能认真工作。所以在西方文化中，游戏不是一项严肃的活动，制造或创作游戏也就自然而然曾被视为没什么实质价值。然而，人们的看法会改变。游戏的普及催生了一些"严肃"的用途——游戏行业的可观产值更让人无法忽视。一些网络游戏让玩家在游戏中"辛苦劳作"，夜以继日地赚取虚拟财富，收集游戏装备，之后再将装备售卖给其他玩家，换取到实际的货币。这些大型多人线上游戏①的劳动力被称为"金币农夫"（gold farmer），他们大多来自亚洲，已成功占领了在线游戏构成的虚拟世界。

在古罗马时代，拉丁语里的"学校"一词是 ludus，后来演变成法语单词 ludique，即"游戏、趣味"。学校是游戏和玩耍的地方，与之相对的日常活动则是在田间的辛苦劳作。有一种说法，法语的"工作"一词 travail 来自拉丁语 tripalium，指的是古罗马人用于惩罚偷懒奴隶的刑具。今天，游戏和工作的对立正是起源于此，而且变成了根深蒂固的文化观念。随着时间的推移，文化给工作赋予了严肃性及重要性，相反，游戏则处在了严肃的对立面。

然而，弗洛伊德认为："游戏的对立面不是严肃，而是现实。"事实上，游戏的特点之一就是置身于想象中，通过叙述把现实世界里的问题、欲望、幻想转移到虚构世界，并将这些元素表达出来，并重新面对。

那么可否说，想象是严肃的对立面？并非如此。游戏只不过是自然界为所有进化充分的生物设定的、与生俱来的、共同的学习机

---

① 大型多人线上游戏所在的虚拟世界是持续变化的，即便玩家不在线，虚拟世界也在变化中。

制。游戏并非人类所独有。对于很多物种而言，游戏都是为成年生活做准备的最有效学习途径。年幼的动物通过游戏来学习必须掌握的动作，模仿成年动物的行为。在有些原始部落里，年轻人步入成年往往也要通过某种"游戏"测试。

游戏以带来乐趣为主要目的，自然应当划归为趣味活动或娱乐。因此，社会学家罗杰·卡约[①]为游戏提出了如下定义。

- ➡ 自由：活动的选择应保证其趣味性。
- ➡ 分离：受到空间和时间的限制。
- ➡ 不确定：结果不可预测。
- ➡ 无产出：不制造物品或财富。
- ➡ 守规则：遵循不同于一般法律的规则。
- ➡ 虚构：具有非现实的虚拟意识。

2■ 电子游戏的娱乐性

可以说，任何电子游戏首先注重的都是游戏本身及其娱乐性。随着技术的发展，沉浸感最终得以实现，并成了广泛使用的基本概念。然而，沉浸感并非电子游戏具有娱乐性的首要条件。

一款画面质朴、程序简单、制作成本低的游戏，依然能够成为娱乐性极强的经典作品和高质量标杆。众所周知的《俄罗斯方块》就是最好的例子，这款在今天看来略显老式的游戏依旧大受欢迎。《俄罗斯方块》完成了"娱乐性"这一首要目标，谁也不能说它是一款不好玩的游戏。然而，这款游戏确实画面简陋、制作简单，更谈

---

① Roger Caillois, *Les jeux et les hommes: Le masque et le vertige*, Folio-Gallimard, 1992, éd. revue et augmenté

不上故事情节的沉浸感了。电子游戏要好玩，首先要有紧扣娱乐行为的机制——游戏机制。

3■ 电子游戏中的情感属性

游戏玩家都知道，一款好玩的游戏不仅能带来感官上的刺激，甚至还能让玩家因情感刺激而产生身体反应。事实上，若游戏的呈现方式、表现艺术和情节艺术能展现丰富的情感元素，游戏本身无疑就能制造出十分具体的情感体验。谁没有因游戏失败而生气、沮丧过呢？多少人因为不愿接受失败而修改了游戏参数，当过不诚实的玩家呢？

加拿大学者贝尔纳·佩隆[①] 将人类在玩电子游戏时产生的情感分成了三类。

■ 虚构情感：剧情产生的情感。

■ 艺术情感：艺术效果和技艺激发的情感。

■ 游戏情感："玩游戏并不仅是了解故事情节，更重要的是解决问题、挑战困难、迎战对手、探索虚拟世界，等等。玩家的行为和虚拟世界的反馈在某种程度上能激发出一种性质完全不同的情感，即游戏情感。"

依照这个原则，我们可以区分一款电子游戏的形式和实质（图 1.1）。

电子游戏的形式指的是电子游戏制作所需全部元素。形式又分成两个独立的部分：一是"电子"部分，即一切产生沉浸感元素的

---

① Bernard Perron, *Jeu vidéo et émotions*, Le Game design de jeux vidéo , Sébastien Genvo (dir.) L'Harmattan,2006

游戏表现形式，包括所有视觉和音效工具；二是"游戏"部分，即可玩性，以及产生互动性的所有机制与元素。

此外，电子游戏的实质则来自于故事的创作：背景、人物角色和故事情节是游戏实质的载体。游戏表现形式带来情感体验，游戏实质则传递出游戏创作者希望表达的观念和想法。

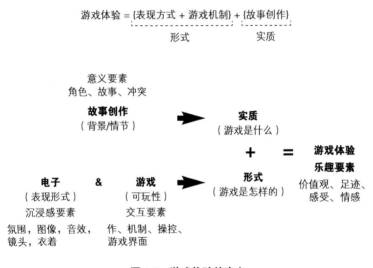

游戏体验 = {表现方式 + 游戏机制} + {故事创作}

　　　　　　形式　　　　　实质

图 1.1　游戏体验的定义

4▤ 电子游戏体验的定义

电子游戏带来的体验可以与电影、电视、书籍、音乐会或戏剧带来的体验相提并论。这些体验的核心在于"获得感"，即在消费上述作品时收获到的东西。获得感的强弱因每个人的接受敏感度和作品的意图而有所不同。程度最低的获得感也能让人换换脑子、放松愉悦，暂且忘却日常生活的烦恼。巨大的获得感则能让人产生变化，转变世界观和人生观，改变自己与周围环境的关系。谁不曾被一部电影或一本书震撼过呢？这是所有艺术作品面临的重大挑战：展现全新的视野，改变人们的固有观点。

我们当中有很多人都对一些作品怀有深刻的印象，它们曾引导我们的人生选择、认知方式和与外部世界的关系。

有人会以精英主义角度分析这种现象。而我却认为，"获得感"与人类炮制和感受情感的能力有关。所有这种体验，哪怕是最微不足道的，都应该得到同样的关注：有人对莎士比亚情有独钟，就有人喜爱电子游戏的单纯乐趣。

对我这一代的大多数人来说，《星球大战》三部曲一直是重量级电影作品，我对该系列电影印象极其深刻。尽管它所表达的善恶观念过于简单，却让所有人赞叹不已。因为这部电影带我领略了令人神往的另一个世界。乔治·卢卡斯的这部作品改变了我对世界的认知方式，甚至是我的个性。弗兰克·赫伯特的系列小说《沙丘》同样令读者以另一种视角来认识现实世界，走上一段别样的旅程。有人或许觉得，这类科幻小说深度不够，但它们带来的获得感却不容小觑，甚至教会了我如何欣赏那些在学生时代无比抵触的经典文学作品。

5■ 通向新艺术之路

尽管电子游戏的体验尚停留在单纯的娱乐性质上，其蕴含的价值却并不少于其他艺术作品。因此，我将电子游戏看作一门新兴的艺术。

游戏本身的起源要早于大多数其他艺术形式。甚至，我们每个人在接触到文化概念之前，就已经接触了游戏——游戏是与生俱来的。所以，纯粹娱乐的概念也是一门艺术，它不属于其他任何艺术，也并非从其他艺术中衍生而来，因此它尤为独特，其本身令人难以捉摸。然而，尽管游戏深植于每一个人的心中，但我们的文化却在摒弃和否认它，希望排除一切可能来自如棋牌类游戏等传统游戏的影响。

然而，电子游戏同时包含了"电子"一词，这个概念涉及了显示屏，以及直接运用影像与音效的全部戏剧艺术。我们也可以说，电子游戏间接借助了与电子显示屏并无直接关系的视觉艺术、听觉艺术、戏剧艺术，而电子显示屏仅是艺术表达的窗口。一切都是为了营造情感与体验，因为这才是这门新兴艺术的新颖与伟大之处。

游戏一方面提高了人们的各种能力，另一方面，以沉浸感、表现形式和故事性创造了情感体验，促进了能力的培养。于是，游戏造就了其他任何艺术形式都无法提供的崭新体验。电子游戏本身、其广义的表现形式和艺术角度，带来了同其他艺术一样的获得感，却拥有自己独特的身份和偶然性。简而言之，这就是"电子"加"游戏"带来的获得感。

如今，电子游戏中的高科技实现了近乎电影质量的影像和呈现方式，由此创造出等效的情感体验。游戏，激发了与众不同的情感。

今天，电子游戏与电影相结合，能带来具有丰富获得感的文化体验。从此，制作电子游戏不再仅仅是简单地创造一种游戏机制，而必须考虑其他艺术模式与方法，使作品变得更丰满，能向游戏玩家传递某种思想，创造感官刺激与强烈的情感体验。为了营造出玩家的良好体验，游戏制作需要将游戏机制、表现手法与呈现方式结合起来。那就让我们这些游戏设计者来共同努力，引领电子游戏超越简单的娱乐。为此，我们需要一种语言规范，电子游戏领域的语言规范恰恰在游戏世界中应运而生，正如一个世纪以前电影语言的形成过程。

C. 什么是游戏设计？

游戏设计就是应用在游戏上的设计工作。一个新的问题就随之出现了：什么是设计？设计一词在今天已经被滥用，大部分人对设计的理解都比较模糊，主要原因可能是其词义存在误导性。直觉上，设计（design）一词总让人联想到"绘画""符号"（sign）。而且，由于设计工作与形式创作有关，人们习惯认为，设计就是展现美学形式。尽管美学创作在设计中的比重不容忽视，但如此理解设计的含义，确实存在错误。设计师并非画家，而就是"设计者"。设计的本意应该是"意图"。设计的首要任务是创造一件家具、一栋建筑、一样物体或一个游戏，用以满足一种功能需要，其次才要考虑表现形式，并创造出服务于功能的形式。

"形式服务于功能"（Form Follows Function）讲的就是这个意思。这句话出自 19 世纪末美国建筑师路易斯·沙利文之口，他是芝加哥学派的代表人物，也是设计摩天大楼的先驱之一。然而，这句名言及其表达的基本原则不应该仅局限于字面，而摒弃了所有美学形式。20 世纪初的建筑学就出现了一种极简风潮，源于阿道夫·卢斯"装饰即罪恶"（ornament is a crime）的观点，这也是现代主义设计运动的基础。

但这种颇为极端的思潮并没能持续。人们恰恰是在功能和形式的不断交替中找到了答案。3F 原则（Form Follows Function）说明了，在设计任务中的优先顺序，抛弃了"一切源于美学"的想法。

有意思的是，如今"游戏设计"里并没有提到"电子"的概念，就好像这个术语适用于所有类型的游戏创作，无论是否需要电子设备。这并非偶然，因为游戏设计者的第一要务都是设计一套有趣的系统。外部设备是某些游戏机制的关键所在，然而抛开外部设备的使用不谈，无论游戏的实际载体是什么样的，大多数游戏的基本原则都相同。

所以，设计电子游戏首先是游戏设计，旨在创造一个综合运用游戏乐趣原则的系统——既可以很简单，也可以很复杂。这项任务的第一步往往是在纸面上进行原型设计，将想象中的原则具体化，这样不仅便于验证，也能激发意想不到的创意。

第 2 章
明确设计意图

A. 第一步：确定游戏的意义

正式开始电子游戏创作之前，设计者明确自己想要向玩家传递什么内容，是至关重要的一步。换句话说，设计者要定义主题、选择视角。

"主题"指的是设计者想要传达的信息。以优秀的电影作品为例，观众体验的内容仅是一个媒介，作品的目的是承载一个鲜明、简单、诱人、普世的主题。这里的"简单"并不是平庸。一些众所周知的名言警句就属于这类简单、有力的完美主题。比如"尺有所短，寸有所长"，讲述的就是各有所长的人应当齐心协力完成目标的主题，宣扬了团结友爱的价值观。

电子游戏的创作也始于定义主题，以及明确该如何简单地阐释主题。主题一定要清晰，能让所有的游戏受众明白。在这个阶段，设计的目标就是给游戏赋予意义，将一则普适的信息作为主旨，成为游戏体验的基石。这就是整个游戏设计的开端，也是后续开发、实现工作的开端。

　　这项任务要交给一支好莱坞式的创作团队协同完成：多人一起控制、决定游戏所要传达的信息，优先考虑目标玩家，让创作思路保持良好的结构，确保设计的整体性。这种模式下，以上这些参数对游戏设计质量的决定性作用要大于原创性或艺术创作本身。

　　创作工作同样可以由一位设计者单独完成，他将独立决定想要传达的内容。个人创作更加真诚，并富有极强的独创性，这近乎是唯一能够表现出个人风格的创作方法，但这也是最具风险的方法。设计者的设计理念能够毫不妥协地处理高难度的题材，瞄准较为成熟的受众。尽管如此，除去艺术层面之外，经济效益的考量总是起着决定性作用。作品内容的最终决定权早晚要落到制作人手里。在电影业，制作人通过控制艺术和经济效益两方面来解决这一矛盾，最负盛名的制作人往往都拥有自己的制作公司。

　　"创作什么样的游戏？"这个问题仅仅是一个开始，还要看接下来的工作。确定自己想要表现的主题、主旨和视角，很多人都能做到这一步，且不需要什么特殊的艺术才能。真正的才能，真正的艺术敏感度表现在"怎样创作游戏"这一步。艺术创作与加工的真正实力和质量，体现在如何将"创作什么"和"怎样创作"融合，即将实质与形式融合。很多人的聪明才智足以确定一个游戏主题，然而，能将这一普适的信息通过游戏、剧情构思或艺术呈现表达出来，则需要不可多得的天分与敏锐。

B. 4F 方法：趣味、实质、形式、感觉

4F 方法指的是趣味（fun）、实质（fond）、形式（form）与感觉

（feeling），展现了一种能确定游戏意图并将其具体实现的独创方法，简称为 4F。

设计流程中的步骤理应依次进行，但实际上，它们是循环、迭代的。第一个步骤总会受到即将进行的第二个步骤的影响，经常需要回过头来重新考虑。步骤之间如乒乓球一样来回反复，这是不可避免的流程。创作流程的核心原则是"分层"进行。千万不要一味盲从一开始制定的设计要求，设计探索工作的轨迹是难以捉摸的，需要经常回顾反思。创作方法的意义不是犹豫要不要"反思"，而是考虑该如何掌握这个原则。

4F 方法是用来明确主要设计意图的四种工具，能呈现并更好地理解游戏中的情感，检验观点和角度的可靠程度。

设计者着手直接从第一个步骤开始，其实十分困难。大家都能理解必须首先明确游戏意图，但真正做到这一点，却十分复杂。4F 方法的作用就是提出明确游戏意图的关键问题。

1 趣味

趣味性是所有因素中最难以捉摸的，大概是因为人们对"有趣"的看法不尽相同。游戏的目的是创造趣味性，必须要让玩家觉得游戏有趣。要想知道如何达到这个目的，首先要理解趣味性的含义。

趣味性指的是一款优良的游戏能给玩家带来的娱乐体验，让玩家从中感受到的乐趣。理所当然，创造趣味性的原则也适用于各类游戏和体验。趣味并不一定就是惹人发笑，而是营造一些令人愉快的经历。于是，对于恐怖游戏的玩家来说，乐趣就是强烈的紧张感和对恐惧的体验（图 2.1）。所以，趣味性的标准并不是"发笑"，或者一定是快乐的情绪与感觉，而是拥有值得称道的体验。

图 2.1 《生化危机》(© Capcom) 游戏中对恐惧的处理

这个定义十分重要，因为它拓展了趣味性的概念，使其不局限于引人发笑、滑稽、轻松。如何保证游戏的趣味性？这对每一个设计者来说都是根本问题，设计者借此预设自己想要创造的独特体验。设计者在回答这一问题时，也渐渐确定了游戏营造的感受，这些感受将是此后游戏体验的基石。确定感受并将其具体实现，寻找相关参照，进而让并未参与创作的人也能实实在在地获得相应的感受。

这样一来，才能让人们更容易接受创作意图的合理性，接受创作者选取的大方向。

游戏设计者本身也是玩家，应当与将来的用户感受到相同的乐趣。设计者要考虑的问题永远是："游戏为什么有趣？怎样才能有趣？"

设计者通过自己感受、探知的影像和感觉来营造乐趣，这是创作方法要求有反思过程的主要原因。在反思过程中，设计者试图恢复自身的感受，再将这些感受投射、重建、具体化。这时会运用到叙事、可玩性、图形及音乐等工具。

然而，感受总是很难被完美、具体地表现出来。将感受具体化，主要来自反思过程，因此这其中一定充满个人色彩，但又能带来不同的灵感。那么，难点就在于如何减小设计者的意图与开发团队的具体理解之间的差距，以及之后与玩家的具体理解之间的差距。

设计者不能闭门造车，应当开明地听取他人的反馈和建议，了解别人的感受与自己的最初创意是否一致。创作团队也一样，必须仔细规划、彻底明确想要营造的感受。团队应有能力对感受加以分析，并充分意识到自己创作的意图与实际产出之间可能存在的差距。

◇ 营造趣味性的有效方法

我提出了一种简单的工具，来区分不同的乐趣类型。这种分析法类似于当一个潜在顾客走进游戏商店，有意无意被游戏吸引时产生的行为，共分三步进行。

第一步，顾客看到屏幕上的游戏展示，驻足观看。顾客可能会被游戏吸引，也可能不会。首先吸引顾客并让他走近屏幕的是游戏的背景设定、画质、外观、角色、环境和游戏类型。

接下来，顾客拿起手柄试玩。在接下来的数秒里，他的行为将变得和小孩子一样，判断力不带丝毫让步和妥协。这一次，游戏的可玩性和性能质量将决定游戏在第二个阶段的吸引力：要让玩家立刻觉得游戏好玩，不产生反感。

最后，若前两步都顺利进行，第三步就是持续提供愉悦感和对游戏的渴望。说白了，这里需要想法让玩家对游戏上瘾。如果游戏内容充实、节奏恰当，那么玩家就会接着玩下去，甚至根本停不下来。在试玩的几分钟之内，玩家如果想维持住这种乐趣，就会买下游戏。游戏的结构、沉浸感、可玩性、节奏的设置，造就了游戏的乐趣，令玩家上瘾。

设计者通过思考这些过程来辨识游戏的乐趣，从而找到实现游戏趣味性的方法。

2▇ 实质

明确游戏的实质，才能赋予游戏一些意义。其实，尽管我们有时认为，游戏设计的任务就是单纯地创造娱乐，一款游戏若要实现娱乐功能，就需要提供深刻的游戏体验。

我采用两种分析和设计工具来明确一款现代电子游戏所要表达的内涵。

◈ 价值观

第一个工具解决的问题是："游戏要向玩家传递怎样的价

值观念?"

价值观应该主要理解为道德观念。确定游戏要传达的价值观，可以更好地勾勒出游戏主旨，让游戏围绕该主旨展开。你可以选择"友谊"的伟大价值，比如三个火枪手"人人为我，我为人人"的精神。这样一来，游戏必定会围绕协同合作的精神展开，每一位玩家都需要其他玩家的帮助和配合。

这项任务的困难之处在于，仅明确创作意图是不够的。尤其重要的是，该如何通过游戏的可玩性来传达意图。设计者所选择的价值观无论是坚忍不拔的毅力、人与人的相互尊重，还是肝胆相照的友情，游戏的可玩性都应该足以将其表达出来，并让这些价值观在游戏过程中发挥作用。游戏的可玩性将透过设计者所捍卫的主旨，完好地呈现出来。

另一种传递价值观的方法是，让玩家尝试完全相反的体验。例如，有些游戏通过展现不应该做的事情，来表达遵守社会秩序的重要性。游戏有时赋予了角色为非作歹的"自由"，允许角色随意践踏最基本的社会准则。然而，游戏世界中的反馈会让玩家知道何时违犯了社会准则——周围人会发起反抗。暴力行为和周围人的反应凸显了恶行的后果，提醒人们，在真实世界中不能触碰这样的底线，危害他人。

◆ 影响

明确游戏实质意义的第二个工具是影响，与之对应的问题是："结束游戏之后，游戏会给玩家带来何种影响?"

这也就是要知道，游戏如何影响玩家对周围世界的认知。所有艺术作品都怀有一个"野心"：通过展现人们尚未了解的世界，或者以别样的方式展现事物，从而对受众进行小小的改变，留下一丝影响。

设计者必须对作品的影响加以构思，确定其特性，思考怎样才能在游戏中处理这个问题。

在我看来，设计者必须理解游戏影响的三个主要特性。

- ➡ 首先，游戏留下的影响不一定是一个信息。换句话说，没有传达信息的作品不一定不会留下影响。

- ➡ 然后，影响这一概念的核心思想是，受众在体验结束后，不能不为所动。要留下影响，就需要激发显著的情感。因此，游戏的影响不一定停留在浅表的感官刺激，也可以是持续的感受。

- ➡ 影响应来源于十分广泛的感官体验。游戏留下的印象可以是有沉浸感的，或者是在视觉上、听觉上，甚至可以是精神上的。通过三部电影，可以更好地理解两个极端。

三部电影

第一部电影是迈克尔·贝于 2007 年拍摄的电影《变形金刚》。这部电影在观众的脑海中留下了难以磨灭的印记。电影并不是靠其主旨寓意，而是靠机器人搏斗的场景做到了这一点。在这部电影上映之前，人们从没有看过这样的画面，它与现实场景完美融合，巨型机器人犹如真实存在，给所有观众带来了强烈的美学震撼。

同样，在斯皮尔伯格于 1998 年主导的电影《拯救大兵瑞恩》中，诺曼底登陆的宏大场面展现了现实主义风格，让所有人都印象深刻。通过这种形式，斯皮尔伯格感动了观众，让人们对战争进行反思，从而引出表现战争苦难的创作主旨。这位大导演有着独特的才华，能完美地将形式与实质揉为一体，造就作品的影响力。

最后一个例子是肖恩·潘在 2007 年拍摄的《荒野生存》。尽管这部作品没有任何壮观或新颖的画面，却让人无法不为所动。影片制作没有实现任何技术创举，仅凭主旨寓意就足以感动观众，引发人们对当今社会状况的思考。

电子游戏尚未对"影响"这个问题有过多探讨，因为它还未彻底掌握剧情创作这个工具。不过今天，留下影响已经是所有游戏大制作公司的愿望，于是，明确游戏应该在哪个层次上留下影响就变得很重要：是审美冲击、视觉冲击、强烈的沉浸感，还是更深层次的影响？甚至应该全部综合？

人们想要表达什么，是没有方法能够明确界定的。设计者应该认识到游戏主旨的重要性，并懂得主旨需要通过价值观与影响来加以深化。游戏主旨借此融入游戏的可玩性之中——**游戏主旨是玩出来的，不是讲出来的**。

3　形式

形式即游戏触及玩家感官的方式。玩家首先会被游戏的形式吸引，继而无意识地被带入预先设计好的游戏体验。形式能唤起玩家的感觉，同时也是游戏实质的载体。我用五个特征对形式加以解释，并给出定义。

第一个特征是**游戏类型**。设计者将游戏定义在一个戏剧类型之下：喜剧、情感、犯罪、音乐剧，等等。读者不要凭直觉误以为，这里要按照第一人称射击（以下简称 FPS）、竞速游戏、冒险游戏等传统类别分类。这种分类方法只是用来帮助商家将游戏上架的，或者让经销商区用来分产品类别。

我所说的"游戏类型"能打破游戏身上的束缚，为其带来新的属性。用电影和戏剧的类型划分游戏，会令其展现新的面貌。比如，通过平台游戏的可玩性来展现一部音乐剧，就会打开了一片全新的天地。

第二个特征是**游戏背景**，指的是游戏情节展开所处的背景世界。游戏背景的类型十分重要，它将游戏感受限定在特定的框架内。游戏的世界可以是黑暗的、现实的、卡通的、梦幻的……定义游戏背景就是回答了时间和地点的问题。

第三个特征是**美学特征**，定义了游戏设计所遵循的艺术风格。艺术风格决定了视觉效果、音效以及呈现游戏元素的整体方法。游戏美学概念与电影类似。设计者应当明确，游戏的美学特征应借鉴表现主义、现实主义、新现实主义还是照相写实主义，等等。

第四个特征是**可玩性类型**。在规划可玩性之前，首先要建立整体模型来明确游戏的导向：反应能力游戏、简单的动作冒险游戏、思考游戏还是解谜游戏？

最后，游戏的**基调**表现了其他四个特征的整体一致性。比如，游戏基调是积极、阳光的，还是阴暗、伤感、悲观的？设计者需要为类型、背景、美学和可玩性定下基调。

在游戏设计中，设计者应当花一些时间写出对每一个特征的具体描述。仅在脑子里想到要做的事情还不够，一定要在纸上写出来。几行字就足以让内容变得具体，从而抓住最重要的方面。

4▉ 感觉

感觉可用来分析、定义涉及情感与知觉的方方面面。感觉是极其抽象的，营造感觉并非易事。于是，设计者可以借助三个问题先将自己的各种感受具体化，再进一步处理。同样，我们需要试着将每一个问题的答案在纸上写出来，抓住重点。

a. 整体感受

整体感受指的是游戏随着时间推移，慢慢构建起来的深刻感受。例如，自由感、归属感、扮演名人，等等。游戏激发的核心深刻感受是什么？玩家的实际感受将会如何？

b. 情感

设计者需要明确之前提过的三种情感：虚构情感、艺术情感、游戏情感。

◈ 虚构情感

将虚构的意图具体化，其根本在于创作和确定剧情，即描述游戏的背景设定，包括人物、事件、场景、方式。设计者需要定义以下要素：

- ▣ 主角、主角的任务、他要面临的主要冲突；
- ▣ 敌人及其任务；
- ▣ 处理上述剧情的方法，即赋予故事的视角。

我们可以从"三十六种戏剧类别"[①]中做出选择，以此概括游戏剧情。所有戏剧场景都可以归结为三十六种情况，以此为基础，又能启发更多创新。比如，"复仇：一个角色为另一个被杀害的角色报仇。"设计者以"复仇"为情感主线，虚构或改编《十个印第安男孩》的故事，也不失为一种别具一格的处理方法[②]。假以时日，设计者通过努力和实践，才能学习、领会并掌握这些工具，对本书介绍的其他方法也是一样。

◈ 艺术情感

艺术情感不属于任何已知概念或方法论，或许未来会有实现办法。情感展现技法虽多，但从没有应用在艺术情感上。关键是，设计者要确定用什么方法打动玩家，如何触及玩家的感受，从而对其产生影响。所以，设计者需要设定玩家要置身于何种氛围之中，环境采用何种色调，玩家应有怎样的整体感觉和精神状态，以及整个游戏要呈现怎样的基调。这些问题的答案，都蕴藏在对传统艺术形式的思索和感受中。

- ▣ 需确定的元素包括图像风格、视觉效果、光线选择、整体色度、不同类型的切换节奏等，以此创建感受上的对比差距，更突出核心感受。

---

① 《三十六种戏剧情景》(*Les Trente-six Situations dramatiques*) 是乔治·波尔蒂 (1867—1946) 在歌德和卡洛·戈齐的工作基础上创作的戏剧学论著。按其理论，所有戏剧依场景可归纳为三十六种基本戏剧类型。

② 设计者如果想获得戏剧创作、编剧方法等相关知识，快速熟练运用剧情创作工具，我极力推荐伊夫·拉旺蒂耶的《剧本写作》(Yves Lavandier, *La Dramaturgie*, Le Clown & l'Enfant, 1997) 和克里斯托弗·佛格勒撰写的《编剧备忘录：故事结构和角色的秘密》。

◨ 游戏图像不仅是图形创作的成果，也需经过光影处理，如同电影一样。所有电子游戏都会使用摄影机镜头，即使镜头是虚拟的。不管是实际的还是虚拟，镜头是现实的眼睛，像眼睛一样移动、观察具体的物体、关闭、变换视角、在物体上聚焦，等等。光影处理、景深、镜头运动，甚至剪辑，都是设计游戏基调的关键要素。

◨ 声音和音乐有着与影像一样的要求和设计思考方式。如今游戏的音效往往并不理想，但大家都已经意识到音效工作的重要性。

◨ 最后，设计者应考虑狭义的场景，即演员在空间的位置、如何移动、如何说话、如何反应和互动。场景的展开方式，即作品的构成方式——无论在微观上还是宏观上——也是一个重要的因素。回想一些拥有独特场景的电影，如《记忆碎片》《低俗小说》和《非常嫌疑犯》，就能明白事件的分布方式对受众感受和整体剧情理解的重要影响。

◇ **游戏情感**

第三项任务是明确游戏为玩家营造的游戏情感。

游戏有不同种"用途"：竞争、探索、严肃用途或多人游戏，而且游戏是一种主动性活动。玩家在游戏中的行为并不总带有进攻性、快速或基于反应，但玩家始终是游戏的主导者："游戏是一系列有趣的选择。"[①]

设计者需要弄清以下几个重要问题。

◨ 游戏类型是什么？动作类、思考类还是探索类……

◨ 游戏采用怎样的节奏？

---

① 语出著名游戏设计师席德·梅尔，其作品包括《文明》(*Civilization*)系列。

▶ 游戏如何吸引玩家，使其上瘾？

▶ 游戏会产生怎样的整体感觉？

游戏可以激发多种感受，让玩家感到自己无所不能、支配一切、自由、博爱、分享（如协作游戏）、反复受挫（如果你想给玩家找点儿麻烦），等等。在任何情况下，设计者都要考虑游戏的操作性，思考如何给玩家提供不同的可能性，尤其是主要行动的类型：在整个游戏过程中会出现什么？核心行动是什么？行动为什么会有趣？怎么个有趣法？如何借此营造游戏情感？

这三种情感不应该孤立实现，它们相互关联、相互利用。三者之间的整体一致性才能决定游戏艺术品质和玩家体验的优良。一致性不仅建立在三种情感上，也要紧扣设计者想要表达，并在设计之初就已明确的游戏主旨和观点。

为了确定、协调三类情感，并令其与主旨及观点保持一致，设计工作变得尤为复杂。因此，设计者需要掌握工具和设计步骤，将这些情感具体化（图2.2）。换句话说，如果第一步是确立主旨，第二步是明确情感，第三步无疑就是分别对三项重要任务中的核心内容进行明确和构造。设计者必须定义游戏的可玩性、剧情创作和整体艺术方向（视觉效果、声音和音像）。

如果设计者没有掌握这三大步骤涉及的最起码的专业知识，他可能连一个步骤都无法完成。所以说，电子游戏设计是一项非常困难的工作，其艺术方面的巨大进步也才刚刚开始。

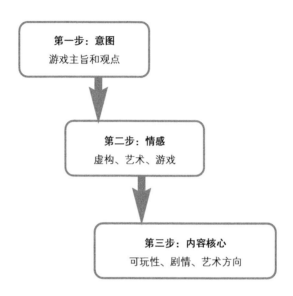

图 2.2　游戏意图的创作及实现流程

c. 认同感

电影艺术已经充分研究并能熟练运用"认同感"（identification）现象，这种现象能产生映射关系，在一定程度上将观众置身于角色之中。观众随着主角的视野和脚步，体验电影所展现的世界，犹如身临其境。许多编剧都深谙此道，熟练运用各种技法，激发观众的认同感，例如，将主角尚不知晓的线索告知观众，以此制造悬念。

电子游戏里也同样存在认同感现象，其作用与电影的模式一样。但游戏的认同感却有着独特的媒介——交互性。游戏中的认同感在两个极端方式之间有着丰富的变化。

第一个极端就是电影中的认同感：玩家沉浸在虚构世界中，化身为情境中的主人公。所有的游戏实现装置，即所有能够提醒玩家自己身处游戏当中的元素，都必须融入虚构情景中，或者从玩家的感知中彻底消失。

　　实现游戏场景的所有工具都应以此为目标。图形用户界面（GUI），即在屏幕上显示的界面，都应该被抹掉，只有必要时才出现，或者巧妙地融合在背景或动作中。比如《死亡空间》中，人物的生命值以蓝色脊柱表示，分成几段嵌在角色的盔甲上。当角色被攻击，生命值指示从上到下依此熄灭。这种通过战衣来表示生命值的方法，将普通的指示条与虚构场景巧妙结合。玩家仍能随时看到指示，但感受则大不相同（图 2.3）。在这一类游戏里，剧情叙述尤其重要，所以，让玩家或角色沉浸在逼真的虚构世界中至关重要。

图 2.3 《死亡空间》（© EA，2008）中，生命值指示位于角色的脊背上

第二种对玩家认同感的极端处理方式则采用完全相反的方式：直白地让用户意识到自己的玩家身份。这时，玩家有意识地玩游戏，要么一个人，要么和朋友们一起。玩家控制游戏里的棋子，并不时回顾游戏规则。这就是一个单纯、刻板的游戏，少了很多叙述性。图形用户界面一定会在屏幕上显示，整个游戏都在提示玩家所处的游戏环境。电影往往要避免穿帮镜头，在此却要持续运用穿帮效果。"穿帮"指的是包围着并构造了虚构世界的装置，在故事情景中显露了出来。在电影里，镜头中如果出现了现场收音用的麦克风，就是一种穿帮情况，破坏了观众在剧情中的沉浸感。因此除了特例，电影通常必须避免这类镜头。而在游戏中，通过显示手柄或游戏机，借此更好地说明游戏程序，则是一种提醒玩家游戏状态的好办法。

认同感的两个极端并非一定是对立的。一款游戏可以同时具备两种认同感。依照游戏的定位，设计者要能恰当地进行调整和配比。感受、情感、认同感，这就是以玩家的感知来定位游戏体验的三个关键要素（图2.4）。

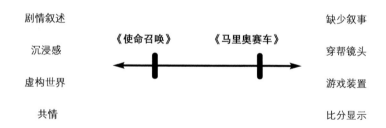

图2.4　玩家认同感示意图

d. 其他可选工具

此外，另有两个工具以不同理念来解决问题，并增加了更多细节，让创作视角更精准。

◈ 共情

共情的力量能直接触动游戏中的行动者。在虚构世界中，共情让玩家感受到自己的行为所产生的影响，赋予玩家道德层面的感受和责任感。玩家的行为可以影响周遭世界，也能造成不良后果，或者至少对玩家自身产生触动。玩家感到遗憾，不仅因为任务失败，也因为自己的失败带来的"附加伤害"，比如，如果游戏任务是除掉伏击的狙击手，但玩家的火箭筒却射中其他目标，后果可能是一辆等红灯的、载满儿童的校车被炸毁……面对这种情况，尤其是罕见的暴力场景，玩家会突然感到不可承受的道德压力，从而停止行动，并开始后悔伤害无辜。

◈ 游戏体验的行为性质

行为性质指的是游戏设计者想要让玩家接受的态度，由此区分出三类游戏体验：进步式、违抗式和倒退式。

- ▶ **进步式体验**适用于所有受众。它让玩家接受积极的态度，令其进步、拯救一个人、拯救世界、建造新事物，等等。这种体验在本质上是积极的，适合普通大众。
- ▶ **违抗式体验**充满否定和质疑，对应一个特定的年龄组，比如约从 11 岁开始，持续整个青春期。这类行为会产生叛逆的态度：不守规矩、挑战规则、以追求自由为先。设计者应当充分认知这种游戏体验的行为性质。

➡ **倒退式体验**对应着一种原始的倒退行为：解构、简化、破坏、发泄……甚至一切受本能支配的行为。射击游戏没有任何故事性，其趣味性只在单纯地射杀尽可能多的怪物，这就是倒退式体验的一个经典例子。

第 3 章

游戏可玩性

A. 游戏设计的精髓

游戏就是供玩家玩的，所以，可玩性是一款电子游戏最重要的元素。这看起来无可厚非，但有多少游戏最终迷失在了情节、视觉效果和程序设计中呢？这些因素扮演着各自的关键角色，并非无关紧要，它们都是游戏缺一不可的组成部分。但采用极简的视觉效果、程序设计和音效同样能制作出优秀的游戏，让人乐此不疲，比如《俄罗斯方块》和《吃豆人》。

相反，无论视觉效果或采用的技术有多高超，若游戏的可玩性平庸无奇甚至压根不存在，这一定不会是一款优秀的游戏。

尽管当下人们更看重外表的包装而非内容，但玩家还是可以通过可玩性来甄别优质游戏。游戏业界的问题之一就在于，总是有一些华而不实、以视觉效果和技术为先的作品，缺乏趣味性，让玩家玩不了几分钟便失去兴趣。

时至今日，法国国家电影中心在为电子游戏制作提供资金支持的时候，依然要求设计者优先强调背景和情节，展示作品的原创性。

在此框架下，设计者要满足的首要条件并不是游戏良好的可玩性，而是原创性的故事情节。显然，即便是法国最高的创作权威机构，也未把游戏的可玩性，即创造游戏乐趣的技能，当作决定性因素。而可玩性恰恰是游戏的精髓。正如法国演员让·迦本曾说，一部好电影首先是一个好故事。我们也可以说，一款好游戏首先要有强大的可玩性。

可玩性不同于绘画和写作，它不是有形的创作，只有通过程序实现，才能得以具体化。在 2000 年左右，迪士尼互动媒体集团的一位美国游戏设计师来验收我们开发的游戏《跳跳虎的蜂蜜猎人》时称，我们这个行业很难一句话讲得明白。他举了个求职面试的例子。

"你会绘图吗？"

"呃，不怎么好。我能画示意图，但我不是图形设计师。"

"好吧。那你应该会编程吧？"

"一点儿也不会。我只粗浅地知道一点儿技术和编程。我可以和程序员沟通，但不会写代码，一点儿游戏代码也写不出来。"

"啊，好吧。你识数吧？能管理计划和预算，领团队赶进度吗？"

"这……恐怕也不行……"

"那你会干什么呢？"

应聘者完全可以回答："我能发明游戏，保证好玩。"但这句话在面试官听来并没有什么实际意义。一个人会不会画画很容易判断，让他拿起纸笔，立刻就能知道好坏；测试他会不会编程也很简单，上机一试便知。然而，我们往往天真地认为自己知道游戏设计需要什么。游戏设计者面临着和编剧同样的问题——每个人都觉得自己会设计、会编故事。不要以为，编剧是谁都能胜任的工作。编剧需要很好地了解戏剧理论和创作技能。游戏设计和编剧一样，并非只要会写字、能组词成句，就能写出有意义的文字。

我常常用盖房子当比喻来解释电子游戏的创作。游戏设计师的工作和建筑师一样，其首要任务是保障居住者的生活体验，而不是计较管道的长度或天花板的高度。游戏设计师的目标是创造游戏体验。就像建筑师和编剧一样，游戏设计的工作成果源于对各种技术的长期使用和了解。这些技术就是游戏设计语言，用以组织、设计游戏的可玩性，并为其赋予意义，正如同编剧技法和电影语言对于电影的存在。

B. 游戏可玩性的 12 个原则

熟知并掌握可玩性的 12 个原则，就能避免像歌德笔下的"魔法师的学徒"那样把事情搞砸。在这些工具出现之前，大部分游戏的设计都来自纯粹的个人创作。游戏主创者希望借助游戏设计者的经验和知识，尝试制作自己想玩的游戏。他们以个人能力排除万难，"凭感觉"来做事，结果时好时坏。可玩性原则首先分为微观和宏观两大类。

1 微观可玩性

微观可玩性存在于游戏的每一个瞬间。在专业领域里，我们通常以"五分钟可玩性"这种说法来展示一个新的游戏项目。这段时间里会发生什么？玩家会面对哪些可能性？玩家能做什么？怎么做？游戏对手是谁？用什么办法来应对阻碍？

微观可玩性明确了游戏创作中被局部放大的瞬间，定义了各个行动的层面。它不同于宏观可玩性，后者明确了更具结构性的概念，组织了游戏的更高层面。宏观可玩性在某种意义上定义了游戏的"骨架"，而微观可玩性则对应着游戏的表面"肌肤"。

我们下面要介绍的六个原则也是六个工具，能帮助我们创作、掌握微观可玩性。

a. 游戏核心

游戏核心是第一条也是最重要的原则。如果你只能记得一个原则，无疑就要记住这一个。游戏核心是游戏的中心机制，可玩性的要素将围绕它来构建。换句话说，游戏核心就是玩家在整个游戏中最常做的事。游戏核心几乎就可以单独展现整个游戏。

比如，赛车游戏的核心是控制汽车，游戏核心的表现是操控性能的好坏，即玩家控制汽车时体验的快感是好是坏。在此类游戏中，玩家最常做的就是操控驾驶。这再明显不过，但设计者大多时候都会偏离这个目标。设计者过度专注于创作，反而无法用常识思考，只有后退一步，才不会漏掉显而易见的东西。

在游戏设计中需要花时间来确保游戏核心具备以下三个特征。

- ▣ 游戏核心通常占据游戏总时间的90%。这并非绝对的数字，但说明了游戏核心的重要地位。

- ▣ 好的游戏核心应该具有产生乐趣的无穷潜能，微小的变化都足以使游戏变得丰富，产生近乎无穷种的组合，自然妙趣横生。再拿赛车游戏来说，如果汽车操控性好，就能适应无穷种路线和连续弯道，玩家操控汽车的乐趣也会更多。从理论上讲，即便重复玩同样的赛道也应当很有趣。

- ▣ 游戏核心作为中心机制，要能够附加其他组件。附加组件将带来更多娱乐潜能。游戏本已能够自然产生的变化和不同场景，如此一来，会变得更加丰富。这就是"可玩性模块"的概念。

为了更好地阐述游戏核心的概念，以下例子将展示如何针对主要游戏类型运用该原则。

◈ FPS 游戏的核心

以《毁灭战士》（*Doom*）、《雷神之锤》（*Quake*）、《魔域幻境》（*Unreal*）、《反恐精英》（*Counter-Strike*）、《半条命》（*Half-Life*）、《使命召唤》（*Call of Duty*）等 FPS 系列游戏为例（图 3.1），其游戏核心在于玩家必须学会同步的两个动作：

- ➡ 以第一人称视角移动角色（模拟角色的视角）；
- ➡ 瞄准周围的物体。

图 3.1 著名 FPS 系列游戏《使命召唤》（© Activision）

如果角色的移动和瞄准质量都很好，这个游戏就是成功的。我们见过不少移动质量一般，而且瞄准系统糟糕的 FPS 游戏。在上述几款游戏中，移动和瞄准的速度，即游戏中心系统的设置，直接决定了该游戏在 FPS 游戏中的类型定位。《魔域幻境》和《反恐精英》的角色动作特别快，堪称参加世界各地官方竞技的职业化玩家的必选。

优秀的 FPS 游戏必须做到满帧，即考虑每五十分之一秒内的游戏动作。这一节奏对应着显示器的物理显示周期。显示屏每五十分之一秒刷新一次，游戏程序就可以根据这个频率实现最优交互效果。显示器的刷新率决定了游戏和玩家之间互动的速度。在这种情况下，游戏的帧率就是每秒 50 幅图像，即满帧。要注意的是，这一数字只对显示器刷新率为 50 赫兹的国家和地区适用，例如欧洲国家。在美国和日本，显示器的刷新率是 60 赫兹，游戏程序就会更复杂一些。

动作游戏的完美实现，首先要满足的条件就是满帧。这类游戏要求玩家反应迅速，因此，机器（即游戏）必须有同样迅速的响应。这并不是 FPS 游戏独有的要求，只是这类游戏尤为看中这一点。

◈ 平台游戏的核心

平台游戏尽管有些过时，但在不朽的《超级马里奥》的带领下，仍然继续存在。每个人都玩过这类游戏，角色奔跑、跳跃，拯救世界或拯救公主。平台游戏的核心就像大家所看到的那样：奔跑和跳跃。

如果角色的移动不准确，速度很慢或者动作迟钝，游戏的娱乐效果就一定大打折扣。跳跃动作也直接决定着平台游戏核心的质量。

如果跳跃太长或太短，或过于真实——角色在跳跃过程中无法直接向后转，玩家就没办法好好控制角色。

奔跑过程中遇到的其他角色和布景都只是延伸，它们都基于主角跑过的基准距离来设计。

若要实现优秀的游戏核心，基本移动本身就应当很有趣。如果玩家觉得移动主角，让它奔跑、倒退、跳跃很好玩儿，甚至能开心地玩上几分钟，这就是一款好游戏。其实，在所有基于角色移动的游戏里，只要角色动作流畅，游戏本身就会显得质量高；反之，若角色移动不畅，游戏必然显得糟糕。

◈ 索尼《GT 赛车》游戏的核心

我已经讲过赛车类游戏的游戏核心，然而《GT 赛车》（图 3.2）的例子能让我们看到，即使始终不偏离驾驶赛车这一游戏核心，仍然可以变化出多种多样的活动。

玩家花费四分之三的时间在赛道上与对手竞速。为了让游戏更富节奏感，开发者对驾驶的玩法做了巧妙的变化。玩家可以学习赛车的漂移，尝试赛道之外的玩法，如考取驾驶执照，通过速度控制、刹车、过弯道等考试项目，但其实，玩家还是一样在驾驶赛车。游戏还加设了驾驶摩托车和概念车的选项。游戏核心以这种方式分割成几部分，玩家既能分别独立操作，又能在赛道驾驶中将所有元素综合起来体验。

这个例子的核心意义在于如何处理游戏核心，展现了强有力的游戏核心如何产生无穷变化，带来更多的乐趣。

图 3.2 《GT 赛车》（© 索尼）以多个小游戏来体现游戏核心

然而，基于单一核心构造的游戏还是少数。大多数游戏制作其实是"多核心"的。事实上，若游戏只有一个核心，则这个核心必须具备极其丰富、近乎无穷的娱乐潜能。

有些游戏具有"双核心"，即围绕两个游戏核心展开。两个核心可能是一种新颖的玩法，可能是一种别具一格的理念。但它们的可能性有限，其中任何一个核心都无法独自造就完整的游戏，各自都有自己的局限。而两者的结合即便不够完美，也能取长补短。

◈《神秘海域》和《古墓丽影》：双核心游戏

《神秘海域》（*Uncharted*）和新版《古墓丽影》这类游戏是怎么创作的呢？游戏玩法由两个游戏核心构成：一是平台游戏的核心；一是射击游戏的核心。整体以第三人称呈现，玩家采用角色之外的视角，从而能看到角色全身。

　　这类游戏的平台游戏核心和《超级马里奥》有很多不同之处，其某些特性受到了限制：角色的移动相对慢一些，无法在跳跃过程中往回转体。换句话说，马里奥可以立刻响应玩家的手眼配合动作，做出 180° 大转弯；而《神秘海域》的主角 Drake 在完成一个动作后才能做下一个动作，因此，玩家不能不管时机随意给他指令。《神秘海域》的平台游戏核心特意追求真实感，因为游戏的目的是让玩家完全沉浸在虚拟场景中（图 3.3）。所以，这种平台游戏核心虽然有局限，却并不损害游戏核心的质量。

图 3.3　《神秘海域 2》(© 索尼) 相互平衡的双游戏核心

　　射击游戏核心采用了第三人称视角，并禁止了自动瞄准。游戏核心遵循一个简单原则：玩家要能够在环境中找到藏身之处，在对手目标的攻击间歇将其射杀。弹药和弹夹的管理机制变得尤为重要。玩家的目的是寻找最好的时机射击，或者变换藏身之处。游戏的射击系统尽管与完整的射击游戏还略有差距，但质量也很好。另外，我们也注意到 Epic Games 公司的游戏《战争机器》(*Gears of War*) 虽然仅采用了这一个游戏核心，但是常常借助其他局部的"微游戏核心"来使游戏更富有节奏感。

◈《塞尔达传说》：多核心游戏

任天堂的《塞尔达传说》(*Zelda*) 是一款典型的多核心游戏：角色每增加一个新的技能，游戏就增加了一个新的游戏核心（图 3.4）。

图 3.4　多游戏核心的典型《塞尔达传说：黄昏公主》(© 任天堂)

尽管最初的游戏核心是格斗、探险和解谜，但随着游戏的展开，又加入众多其他核心。玩家可以骑马、射箭、控制狼（Wii 版本功能），等等。长矛、弓箭、回旋镖等武器即便各有局限，但每一种武器都定义了新的玩法和新的游戏核心。任天堂最大限度地发挥了武器的作用，丰富了游戏的场景，并同时增加了完成游戏所需要的总时间。想要成功设计体量如此庞大、核心如此多的游戏，对设计要求会很高，设计者的工作水平和投入的预算至关重要。

所以，游戏设计并不一定要限制在两个游戏核心。其实，游戏核心的数量取决于每一个核心的特质、娱乐性强度以及游戏时间。

设计者唯一要考虑的障碍是来自制作方面的制约，因为多核心游戏比单一核心游戏的制作花费要高很多。然而，以单一核心设计一款趣味性足够强且能独立存在的游戏，难度非常之大，更不要说实现同一系列的多个游戏了。

◈ 极端案例：派对游戏

设计难度最大的绝对是派对游戏（party game）。我曾经参与过三款派对游戏的设计工作。人们往往认为，这不过是将多个小游戏简单地集合，但事实上，派对游戏的设计难度反而更高——小游戏的设计最容易失败。派对游戏是游戏核心原则的一个极端体现，丝毫不能违背规则：设计者必须为每一个小游戏创造优秀的游戏核心。

设计一个高效的游戏核心，就算它不足以实现一个长达 10 小时的游戏，已经并非易事。而一下子设计几十个游戏核心，而且个个都要高品质，这几乎是不可能完成的任务。除非是像任天堂这样的大公司，能不断获得可玩性研究实验室提供的游戏原型。

b. 可玩性的组件

游戏可玩性的组件如同乐高积木，体现了"组合"概念。可玩性的组件就像是句子里的词，具有以下特征。

- ➡ 组件是游戏核心的附属元素，它不是游戏核心，而是附加于游戏核心之上。
- ➡ 组件具有能丰富游戏核心的可能性，这意味着，一个游戏组件可以创造一类新的游戏场景。
- ➡ 多个组件可以相互嵌套运用，来创造新的游戏场景。根据游戏类型不同，组件相互结合运用的规则也不尽相同。

可玩性组件是一款游戏的第二个必备元素。游戏必须保有强大的核心，这意味着，只依赖核心本身就能保证最基本的可玩性。然而，游戏所采用的组件能带来多样性，找到创造游戏节奏和提高游戏难度的方法。缺少可玩性组件，游戏也许只能维持 30 分钟；有了可玩性组件，游戏就能延长到至少 8 小时，甚至更长时间。

◈ 平台游戏

平台游戏的例子极具参考性，容易理解，而且有众多可能性。平台游戏的核心是"奔跑"和"跳跃"。如果设计和实现得当，游戏角色跳跃的远近应取决于玩家按键的时长。最长时间（如 1 秒）定义了跳跃的最大能力。根据跳跃方向（垂直、水平、对角线）就可以有不同的距离变化。

在这种情况下，第一种游戏组件就是地形，即角色要跳过的障碍和沟壑。根据目的地的远近和高低不同，跳跃方法和方向就有了众多变化（图 3.5）。

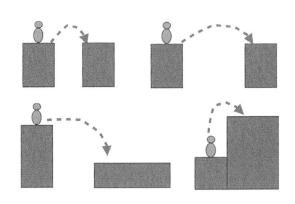

图 3.5　地形变化带来的简单场景

第二种组件对应于游戏的平台本身。"平台"就是角色能在上面跳跃的一小块地面，存在多种类型，每种类型对应着一个组件。

▶ 固定平台：不移动、不变形（图 3.6）。

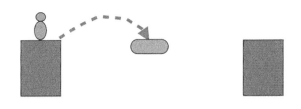

图 3.6　基本的固定平台

▣ 移动平台：要么按相同轨迹周期性移动，要么在角色靠近时
　开始移动（图 3.7）。于是，移动平台产生了唯一的轨迹，不
　会重复出现。移动线路和速度可以有无穷多种。移动速度可
　以是线性的，也可以加速或减速。

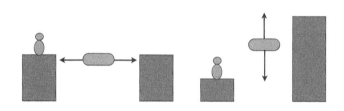

图 3.7　移动平台

▣ 旋转平台：周期性翻转。角色不能停留在上面，若在平台翻
　转时到达，就会跌落。还可以将旋转平台的一个面（上面或
　下面）设计为 "不能落脚"（图 3.8）。

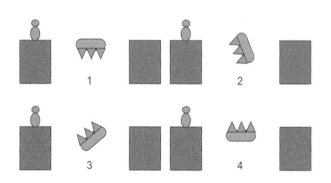

图 3.8　一面无法落脚的旋转平台

▣ 逐渐消失的平台：角色一旦踩上平台，就只有几秒钟时间移动，之后平台就会消失或坠落（图 3.9）。

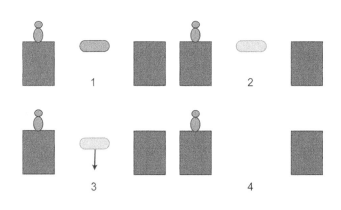

图 3.9 会坠落的平台

▣ 结冰地面：角色踩到结冰地面会打滑，玩家控制就会迟滞，使角色移动更加难以掌控。

当然还有其他很容易找到的平台创意。每一个游戏平台都是一个可玩性组件，而且可以与其他组件结合，丰富游戏核心。比如，可以把"移动平台"和"逐渐消失的平台"结合在一起，还可以增加第三个、第四个组件。组件之间的结合越复杂，所创造的游戏场景难度越高。

◈ **赛车游戏**

前面说过，赛车游戏的核心是汽车的操控和驾驶。驾驶的快感，以及设计者是否选择让汽车的响应更加真实，是最重要的元素，直接决定了游戏的基调，尤其是游戏核心能够带来的娱乐性。

如果我们采用与考虑平台游戏一样的模式来考虑赛车游戏，第一类游戏组件也是地形本身。

关键在于游戏赛道的设置。弯道是最基础也是最重要的游戏组件。不同的弯道弧度可以带来不同的难度级别。弯道是驱车到眼前才出现，还是在很远就能看到，也构成了一个不可忽视的因素。根据赛车游戏类型的不同，路面的凹凸、起伏、障碍物等也是不同的游戏组件。我们还可以在游戏背景里设定活动的障碍物，如过马路的行人、羊群、掉落的树枝、来往车辆，等等。尤其是在繁忙的车流中驾驶，情况更加复杂，而且能够利用到众多可能的组件，以至于繁忙的车流本身就构成了一个单独的赛车游戏类别。

天气条件也构成了一类重要的游戏组件：以耀眼的阳光、倾盆大雨、落在身边的闪电等来定义能见度；天气还决定了赛道的状态，如湿滑、结冰、干燥等。而这又和路面条件（土路、柏油路、砂石路……）这类游戏组件直接相关。

最后，赛车游戏可玩性的第三类组件就是其他对手玩家。无论是真人玩家还是人工智能控制，游戏对手的汽车性能、对抗驾驶技能、脾气性情、驾驶方式（具有攻击性、喜爱漂移……）等特征综合在一起，形成独特的可玩性组件。此外，玩家还能通过选择对手数量，自由自在地调整、丰富游戏的可玩性。

◈ FPS 游戏

FPS 游戏的核心是移动和瞄准射击。无论游戏设置的类型和选定的基调如何，对可玩性组件的分析方法依然与之前的两个例子相同。

FPS 游戏的第一类游戏组件也是由游戏背景和关卡地形构成的。角色移动是游戏核心，而大部分优秀的 FPS 游戏的背景设定都不会

"阻碍"玩家，当角色接触到背景的时候，背景不会挡住移动路线，玩家可以沿着背景滑行，而不会感到碰撞或阻碍。

优秀的 FPS 游戏的背景里很少出现可能妨碍游戏进程的元素，尤其是在玩家需要向不同于角色视角的方向移动时。好关卡会巧妙地提供藏身之处，又不影响移动。十字路口、走廊、精心设计的迷宫都是优秀的 FPS 游戏的必要特点。而照明、阴暗区域、灯光摇曳区域也都至关重要。

FPS 游戏的另一类重要组件是玩家可以捡到并使用的武器。严格来讲，武器并不构成游戏中的障碍，而是直接决定了玩家在游戏过程中对抗障碍的方式。手枪、狙击步枪、机关枪、手雷……带来各种各样的玩法，在玩家独创的游戏策略里都有用武之地，并能进一步构造出变化多端的游戏场景。

游戏中的敌方也是复杂的游戏组件，有着不同的智力程度、发现难度、杀伤力、行为特点以及一系列其他参数。敌方的行为也不尽相同：有的藏在同一个地方，有的直接靠近攻击，此外还可以单个进攻、小组进攻或大群进攻。游戏的进程和场景也会随之改变，游戏的趣味性也更加丰富多变。

◈ 不可或缺的组件

游戏可玩性也是游戏进程中的各种障碍和玩家应对障碍的方式之间的紧密关系。游戏场景，甚至说游戏本身，就源于两者的关联以及两者每一次全新的独特组合。一个游戏组件一定属于以下几类。

- ➡ 主角的技能：第一类组件是玩家或角色具备的动作和行为技能，如射击游戏中的武器、平台游戏中的跳跃。两次连跳、攻击力、滑翔能力等技能克服了特定的障碍，创造出新的可能性。

➡️ 敌方：每一类敌人都有特定的行为，定义了一种游戏场景，由此构成一个游戏组件。一类敌人也可以与其他组件，比如行为相同的不同敌人或者行为不同的多个敌人，敌人相互组合构成不同的游戏场景。

➡️ 背景中的交互元素：所有不活动但能与玩家互动的元素，都是可玩性组件，且因游戏类型不同而具有不同属性。具有伤害性的路面、墙壁或天花板都可以单独构成一个游戏组件。用来开门或杀死房间内所有敌人的机关，也是一个游戏组件。规律撞击地面、能将角色碾压的平台或巨石，也是背景中的交互元素类游戏组件。角色碰到就能收集的金币也属于这一类型，而按照金币所处的不同位置和获得的不同方式，游戏场景也都不相同。

➡️ 背景：游戏背景本身就对应着一类游戏组件。地形就是这类组件的来源，就像赛车游戏里的弯道、平台游戏里的沟壑或是 FPS 游戏里的躲藏地点。

➡️ 抽象组件：这类组件最难理解，因为它们往往没有具体的形态。它们和其他组件相结合，叠加在其他组件之上，却并不创造一个新的游戏场景，而是创造一种不同的场景理解方式。例如，倒计时就构成一个抽象组件，改变同样场景下的游戏体验，提升了游戏难度，增加了紧张感。类似的还有需要按照特定顺序来完成一系列动作。在动作冒险类游戏里，若要在敌人的攻击下按特定的顺序射击触发机关，难度就增加了不少。如果多个机关需要在一定顺序下才能被激活，玩家的策略和游戏方式将会大不相同。

◈ **关卡设计中组件运用的合理化**

游戏组件之间相互组合创建了游戏场景，比如玩家所见、游戏结构、障碍的构成等。

以巧妙的顺序安排设计的游戏关卡，是游戏场景中的一部分。如果还以语言来比喻的话，正如连词成句、连句成章，游戏组件的结合构成了游戏场景，而游戏场景构成了游戏可玩性。

关卡设计是一门以不同机制的元素构造游戏的艺术。我认为，合理性关卡设计（Rational level design，简称 RLD）是开展、组织关卡设计工作最有效的方法。

在专业工作流程——我们称之为"制作流水线"里，游戏设计师在预制作阶段就要设计游戏的机制。游戏机制即为游戏组件的设想与构思。一旦制作流程开始，关卡设计师将选取、运用游戏组件设计游戏关卡。而这些关卡又会在整个制作过程中和后期不断被修改和调整。回顾具体设计流程，就能看出游戏组件在游戏设计工作中的重要意义。在设计初期，设计者还无法设计游戏组件。能设计好游戏核心就已经相当不易了，此时的首要任务是对游戏核心有清晰、明确、稳妥的思路，排除错误的方向和干扰性思路。

然而构思游戏核心时，也要对核心能够延展出的潜在游戏组件有所预判。如果设计者无法为已有的核心设计思路找出两三个组件的话，就说明这个核心还不够完善、可靠，或根本无效。反之，若游戏组件的设计思路层出不穷，想法源源不断地涌现，就说明游戏核心很好，对游戏组件的寻觅、定义，尤其是在设计第二阶段的筛选，将变得轻而易举。最初的设计思路一旦确定、把握好之后，就可以进入设计的开发阶段，所有组件将在这个阶段得以实现。

c. 3C 元素

3C 元素指的是操控（control）、角色（character）和视角（camera）。3C 是可玩性中必须要严密考虑的元素。3C 同游戏核心的结合十分紧密，是具体实现游戏核心的重要手段。每一个 3C 元素都影响着设计方向的选择，三者选择的结合最终决定了游戏的玩法。

3C 并不仅是三个方面的简单结合，更是一个整体的考虑方式。这个整体决定了玩家在游戏中的反应和可能的互动方式。3C 如同游戏中的移动一样重要。3C 设计好才能保证游戏的整体成功。3C 元素考虑欠佳，游戏也一定不会太理想。因此，设计者一旦有了一些思路，就一定要对 3C 进行系统地原型验证。有了原型验证，就可以对设计进行实际测试，而不是仅在大脑里规划。设计者很容易就能知道自己的想法是否正确，还能参考他人的建议，对可能出现的问题加以解决，甚至催生新的创意。

◈ 视角

有了游戏视角，玩家才能看到角色动作和游戏所处的虚拟世界。电子游戏主要调动人的三方面感官：视觉、听觉和触觉。视角对应着视觉，操控对应着触觉。其他任何感官在游戏中都不是必须的——嗅觉和味觉还未被使用过。声音也有重要的作用，能构建场景，增加沉浸感，提供音效反馈或声音指令，帮助玩家更好地理解游戏进程。不过，玩家可以随时选择关掉游戏音效，但绝不能不眼看、不动手。

视角的概念随着 3D 游戏的出现而进一步发展。在此之前，所有游戏都是 2D 游戏，只有单纯的侧面视角或俯视视角。一些游戏曾尝试等距视角，但缺少变化，并非货真价实的多视角选择。3D 游戏带来了新的可能性，使视角深度成为不可避免的设计内容，尤其是在第三人称视角的情况下。第三人称视角是指处在角色之外的视角，能够让玩家看到完整的角色本身。《古墓丽影》和《超级马里奥》就是第三人称视角游戏的典型例子。

这与 FPS 游戏中角色自身的主观视角完全不同。主观视角无法看到角色本身，因为玩家看到的就是角色的眼睛所看到的。只有通过镜子、反射面或剧情动画，玩家才能看到自己所扮演角色的样子。

其他视角还包括即时战略游戏（real time strategy）的倾斜俯视视角，《生化危机》中在切换到第三人称视角之前的多个不同视角，如《刀魂》（Soulcalibur）等格斗游戏中大部分时间采用的侧面视角。但最重要的两类还是第一人称视角和第三人称视角，它们代表了游戏设计的根本性选择和可能性。当然，2D 视角依然存在，但往往经过 3D 模拟加以丰富。Capcom 公司 3D 版的《街头霸王 Ex》系列游戏就是很好的例子。

根据游戏类型、视角安置方法、角色的远近、焦距选择和其他参数，3C 元素造成的结果各不相同。最新版的《生化危机》就是最好的例子：游戏以惊悚为主题，采用监视视角和精心构思的系统，运用电影语言营造出恐怖和悬疑气氛。玩家从第四部分开始采用紧随角色身后的视角，于是游戏变得更偏向于动作游戏，要求玩家有更多的反应，给游戏增加了另一种氛围。

◈ 操控

操控表现为玩家控制角色对游戏进行响应的方式，需要考虑人体工程学及易用性的理念。简而言之，操控就是控制游戏角色动作的"按钮"。根据游戏设备的类型，即玩家手中物理操控界面的性质，同一款游戏也能带来不同的乐趣。

比如，FPS 游戏在电脑上的表现总是比在游戏机上好。这类游戏就是为电脑发明设计的，采用了电脑的基本操作界面——键盘和鼠标。鼠标光标移动的精准度和速度，是任何其他机器或界面都无法比拟的。即便是人人都认为很好用的任天堂 Wii 游戏机手柄，都无法到达与电脑上的 FPS 游戏相当的效果。从人体工程学角度看，用摇杆控制射击准星是一个灾难性设计，这让在游戏机上瞄准变得很困难，相对于电脑操作，摇杆控制的游戏体验质量大大下降。不过，恰恰是在游戏机上玩 FPS 游戏，才让某些游戏性能得以改善。第一部 Xbox 上的《光环》（*Halo*）游戏一开始只有微软游戏机版本。这样一来，微软的人体工程学工程师们方能研究怎样才能让瞄准变得更容易，避免完全自动的瞄准。于是，他们发明了粘扣带原理：如同服装上的粘扣系统，玩家在屏幕上移动射击准星，当准星进入包含怪物的区域时，准星的移动速度就会变慢，只要将其朝着正确的方向移动，准星就会"粘住"敌人。

《使命召唤》系列最近也加入了自动瞄准功能：当敌人在准星附近时，玩家松开瞄准按键，紧接着再立刻按下。在自动瞄准功能的帮助下，玩家连续、精准地射击就变得更加容易了。精准操控是射击过程中极精细的工作。显然，设计者在开发过程中进行测试，就可以解决那些不影响设计结构的小问题。

同时，目标玩家的水平，即潜在玩家的游戏技能水平，也要在设计阶段就考虑进去。是否需要考虑按键组合，即结合多个按键实现的特定动作？是否需要设置复杂的连击？是否要将所有情景效果集中在一个单独按键上？操控设计与视角设计的关系紧密，因此难度同样很大。操控设计的各种选择一般同步进行。

从《超级马里奥 64》开始，游戏视角变成了第三人称视角，置于水管工马里奥的身后，玩家可以看到其全身。玩家按向右键，角色就向屏幕右侧移动，因此这是一种"相对于屏幕"的操控方式。玩家会在大脑里迅速记住两者的关系，必要时能快速做出反应。视角一直跟随角色，但并不会总处在角色身后。这样一来，角色就可以转身，朝着玩家方向移动。

在《古墓丽影》系列游戏里，玩家按右键会使角色向右转身，角色前进需要按向上键。因此，无论角色的站位朝向哪边，这都是"相对于角色"的操控方式。视角会自动重置到角色身后，提供无遮挡的视野，而玩家看到的就是角色的视野（图 3.10）。这种方式的不足之处是，角色的快速移动和快速响应比较困难。若角色需要攻击从右侧靠近的敌人，或突然向一侧跳动，玩家无法在一瞬间完成操作。

图 3.10 《古墓丽影：地下世界》（© Eidos）采用相对于角色操控的第三人称视角

　　《超级马里奥》是考验玩家反应能力的游戏（图3.11），而《古墓丽影》的操控比较慢。尽管两者同为平台游戏，游戏体验却完全不同，而这源于操控和视角设置的不同选择。

图3.11　《超级马里奥：银河》（© 任天堂）采用相对于屏幕操控的第三人称视角

　　另一个例子是《生化危机》。在游戏的前三部里，角色所处的背景是2D的。角色只要一出画面，视角就会切换（cut）。为此，从一个视角到另一个视角，游戏操控必须保持不变。当视角切换时，玩家必须通过按着同一个按钮，让角色继续移动，否则从电影学角度来说，镜头很难保持连贯。于是，游戏选择了"相对于角色"的操控方式，但视角却与《古墓丽影》的完全不同。这里要求，视角必须是固定的。角色在空间中移动时，会经过每一个固定视角，继而进入下一个视角。无论视角位置如何，游戏动作不受影响。即便玩家在画面中看到的角色处在另一个角度，玩家按下向上按钮，依然能保证角色向前走，使得游戏在视角切换时依然高度流畅。这是一部"生存恐怖"（survival horror）类游戏，既是一款基于冒险、解谜类可玩性的恐怖游戏，又融合了射击元素。操控难度让游戏极具紧张的对抗性——玩家总是处于紧张状态中，害怕路上突然冒出几个僵尸。

然而，从第四部开始，《生化危机》选择了角色身后的视角，一直追随着角色。游戏机的性能也提高了，能够渲染出逼真的 3D 背景，让这种视角设置从此成为可能。随着操控和视角的变化，游戏的可玩性也有了改变：角色的控制方式更像 FPS 游戏，恐怖游戏转变成射击僵尸游戏。游戏品味发生变化，游戏类型也大不相同了。

◇ **角色**

游戏角色指的是游戏里的人物及其具有的能力和动作行为。作为设计者，你会给角色赋予什么样的能力呢？以平台游戏为例，角色的能力是跑、跳、两次连跳、近身攻击、滑翔，等等。如果角色能跑了，那还需不需要走呢？为什么不试试"小心翼翼地走"，从而加入一点儿"偷偷潜入"的乐趣（可玩性）呢？这样一来，设计者就需要设置其他附加能力来全面观察敌方，如红外热感应、夜视等系统。那么，视角也要随之改变，因为玩家需要在不移动角色的情况下移动视角。这种微妙变化会给 3C 中的"视角"设计步骤带来重大的改变。

设计角色能力时，不能不考虑视角和操控。实际上，角色的每一项能力都必然需要相应的操控。所有能力都要围绕着游戏核心来构架，并适应玩家，而不是简单地将毫无关联的能力累加。一般来讲，增加一项能力就意味着增加一个按钮。然而，手柄上的按键数量有限。我建议，一次尽量使用最少的按键，即便玩家可能经验丰富。游戏的操控也要围绕游戏核心构建：从此以后，你将无法在不干扰游戏视角系统的前提下，为增加能力而随意改变操控。

再来看《生化危机》的例子（图 3.12）。游戏角色不会跳跃，玩家必须在角色靠近目标时按下"动作"按钮，才能让角色上下楼梯和梯子，或打开门。这些动作并不是默认自动执行的，否则它们可能会触发玩家并不想做的动作，引起游戏操控，尤其是视角的结构性变化。《生化危机》的新旧版都存在这样的游戏机制。

图 3.12　新版《生化危机 5》(© Capcom)采用第三人称外部视角，
但游戏行为基本类似 FPS 游戏

总结来讲，3C 元素可以说是确定游戏可玩性的关键工具。然而，3C 又体现了精细的设计理念，难度大且易失误。改变其中一个元素，就会直接改变趣味性，乃至引发游戏整体性的变化。如果 3C 设计成功，游戏就几乎具备了创造优质体验的所有可能性。

d. 挑战与难度

一款游戏的趣味性，主要来自玩家完成游戏设定任务时所面临的挑战难度。游戏是一种天然的学习系统，是大自然对进化物种的馈赠。游戏可以开发人类的潜在能力，让人进步。游戏玩家的大部分乐趣也恰恰蕴藏于此。

挑战的难度是玩家在游戏中获得乐趣的关键。游戏难度往往很难确定，尤其是对进行个人创作设计的设计者来说。在这一点上，设计者千万不能太过自信，也不能太过依赖开发团队的成员们，而应该一丝不苟地请他人对游戏原型和不同版本进行测试，尽最大可能征求游戏目标人群的意见。一定要记住，玩家才拥有决定权，他们绝不会认可设计者以自我为中心的创作意图。

设计者要预设游戏应该达到的难度级别，就必须了解目标人群的情况。通过确定目标人群的操控技巧水平，设计者能获得一个客观的参考，一方面确保游戏难度和目标人群的水平相当，另一方面从设计之初就能明确游戏技能和相应难度的级别，以及级别的提升空间。

讲一件趣事。我曾参与 Amiga 计算机平台传奇经典游戏《痛苦》（*Agony*）的可玩性设计，有三个人共同开发设计这款游戏，但最终只有我一个人能够玩通关。在我们的发行商 Psygnosis 公司内部，也没人能在不采用特殊模式的情况下通关。开发者仅按照个人感觉设计游戏的时代早就不复存在了。

我之后会讲到"易用性"的概念，阐述如何避免因为某些元素考虑欠佳而给玩家带来阻碍。

◈ 游戏技能水平

技能的经典定义是实际操作的才能，即专业技术或艺术实践中的技术娴熟程度。比如，音乐神童演奏莫扎特小提琴曲目的能力。如今，研究者普遍认同，花大量时间练习某种技能或游戏的儿童和青少年都能达到专家级的能力水平。可以说，在电子游戏国际竞赛中对抗的专业玩家和优秀的少年提琴演奏家一样出色。

确定游戏的技能水平，就是对游戏目标人群的操作水平进行一个预期。无论玩家水平如何，游戏都会让他追求娴熟的操作技能。其实，任何玩家都会本能地寻求自己在游戏中的行为与其带来的认可之间能达到一致。其实，这种一致性表现为玩家能在游戏中获胜。玩家如果能流畅地完成动作，就会感受到源源不断的满足感。获胜的难度越大，玩家得到的满足就越强烈。这就是玩家自己估计的难度与决定满足感强度的获胜行为之间的等式关系，这也是游戏乐趣的本质。没有任何难度的游戏会降低游戏的趣味性。玩家若能依靠一系列有难度的动作获胜，就能获得极大的乐趣。

这里还涉及"提升"的概念，表明了游戏的难度与技能和玩家的学习与提升之间存在着直接关系。游戏必须具备一个难度级别——哪怕级别跨度很小，要能让玩家随着时间来提高自己的水平。没有提升的游戏便没有挑战，这就不再是游戏，而只是探索、试验和单纯的发现。

◇ 技能并非灵巧度

技能的概念往往与灵巧度相提并论。对于动作游戏而言，这说得过去，为这类游戏的操作对灵活度和反应速度要求很高。但并非所有游戏都是动作游戏，智力也是技能设计中要考虑的参数。

实际上，世上不是既有《反恐精英》的操作高手，也有头脑训练的高手吗？在思维训练中，智力与思维敏捷才是实现高超技能的关键。在即时战略游戏等其他游戏中，策略性思考比执行能力更重要。

动作游戏只是众多游戏作品中的一小部分，而且大部分游戏都要求玩家动脑思考，那么，考虑游戏目标人群的智力和思维水平就十分重要。获胜难度、流畅度、满足感等概念在设计与思维相关的游戏障碍时也同样有效。因此，设计者必须对游戏受众的智力进行预判和确定：玩家的熟练度、灵巧度、智力水平、认知能力到底如何？

确定目标人群的最好办法是采用两个度量轴：一个衡量灵巧度和操控专业度，另一个衡量智力和思维活跃度（图 3.13）。现在，由你来决定目标人群完美操作游戏而应具备的级别水平。度量轴的两端分别对应于最不熟练的外行程度（休闲玩家）和最熟练的高手程度（铁杆玩家）。为了方便比较和设计，设计者可以用等同于设计目标难度的游戏来做参照，同时也包括两个极端的参照。

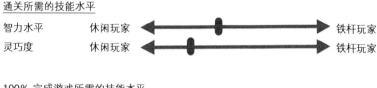

图 3.13　游戏技能度量轴

◈ **明确所有潜在玩家**

现在，几乎所有电子游戏都会设计在两个水平上的获胜机会：第一个水平的获胜就是通关，即到达游戏冒险的终点，结束游戏故事；第二个水平的获胜是完成游戏中的全部挑战，即百分之百获胜。通常，通关便可解锁新的游戏模式、隐藏关卡和其他挑战。如此一来，设计者就不能满足于仅找到一个目标核心。

"重玩"是一个基本概念，能使玩家回到之前的关卡，完成在第一次通关时不需要完成的可选挑战。通关所需的技能水平往往比较低，完成全部挑战或至少尝试部分挑战的玩家的技能水平相对较高。于是，设计者有必要区分这两类玩家，一方面确定通关所需的技能水平，另一方面预先考虑 100% 完成游戏所需的技能水平。无论如何，明确了完成游戏不同阶段所需的技能水平，也就明确了游戏玩家应具备的能力。所以，游戏技能是玩家应对游戏关卡的技能，也是用来定义不同程度玩家的工具。

另一种衡量方法是计算玩家在游戏上花费的时间。游戏时间虽然直接与获得技能相关，但无法精确预计目标玩家所需的水平。游戏时间常常被用来区分"铁杆玩家"和"休闲玩家"。

衡量灵巧度和智力水平，也就是衡量玩家游戏技能水平，能让设计者直接设计出合理的游戏难度，让难度适应所有目标玩家。

e. 失败和胜利的条件

想要定义游戏失败和胜利的条件，设计者需要先了解玩家在游戏中什么算输，什么算赢。也就是说，设计者必须决定是否需要设定一个"游戏结束"的场景；或者，当玩家在游戏的"微观"层面通过一项挑战时，是否需要一个"胜利"的场景。游戏中的获胜意味着玩家成功通过一项考验。

◈ 明确胜与负

玩家通过关卡、得到奖赏就意味着胜利；相反，"游戏结束"意味着彻底失败。但除此之外，我们更关心的是如何在胜利或失败的情况下组织或重设游戏元素。不考虑玩家的操作失误，胜利或失败应该是至少两个对立方战斗的结果：一方是玩家，另一方是控制游戏的人工智能或者其他玩家。

在整个游戏通关或失败结束之前，玩家要随着角色的行动经历不断变化的游戏设定。这些设定丰富多变，如同失败和胜利之间变幻多端的诸多可能性。玩家最终失败，是因为他慢慢失去了对游戏的控制，局面对其越来越不利。

这个概念恰恰就是博弈论的核心。博弈论被视为谈判理论的创始模型，同时，它基于极其复杂的数学定理定义了经济平衡原则，其中最著名的就是"纳什均衡"——提出这一原则的数学家约翰·纳什因此荣获了诺贝尔经济学奖。

我们以足球比赛为例。抛开乌龙球不谈，进球是一件非常困难的事，需要全队协作配合，部署一定的策略。在前锋有机会射门之前，全队要经过一系列的配合，在与对手的对抗中取胜。从守门员发球开始，足球经过一连串轨迹，球员们组织、创造一系列有利于己方的局面。失败或胜利的条件取决于比赛的各个阶段，取决于比赛进展趋势的把控，让胜利的天平时而偏向这一方，时而偏向那一方（图 3.14）。

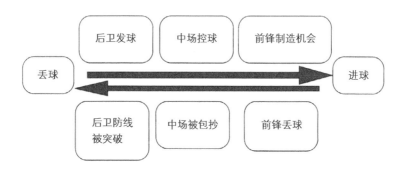

图 3.14　足球比赛中的胜负轴线

◆ **营造游戏情绪**

游戏情绪是由游戏本身产生的，指的是玩家在失败状态或胜利状态之间转变，从而产生的情绪。这其实是玩家在主动参与并沉浸在游戏中时，对输赢状态变化的感受的外在体现。胜负轴线表示了从一端到另一端的所有游戏状态的集合，对应着游戏状态带来的种种情绪。设计者明确并预料游戏的变化，就能界定玩家有可能感受到的情绪。

然而胜负轴线，或者说胜负两端之间的状态变化却不是呈线性的，不能像一条直线那样被标上不变的标记。众多参数都会让胜负轴线变得更复杂，赋予它多个维度。产生变化的方向，例如"从胜利到失败"，会产生与"从失败到胜利"的变化方向截然不同的游戏状态。变化的速度同样会影响游戏状态的性质。这些参数随不同的游戏而变化，一些参数总会出现，比如变化的方向、速度、强度和诱因。

无论如何，明确胜负条件就是确定包裹在游戏核心"骨架"之上的塑造了游戏形态的"血肉"。在集体运动项目中，人们称之为团队"底蕴"，即开展竞赛、形成组合、营造不同局面的能力。设计者打造的游戏、游戏核心、可玩性组件和 3C 元素，都要经过深思熟虑，从而被赋予实质性内容，给玩家提供丰富的乐趣，同时避免过高的难度。

提示和反馈提示和反馈更像是呈现游戏场景的工具。在讨论这两种工具与沉浸感相关的艺术功能之前，他们的功能更像是游戏玩法的指导和解释，是设计者建立在游戏与玩家之间的交流语言。这种语言只有一个作用：告诉玩家应该做什么，怎么做。

◈ 反馈

反馈对人们刚完成或尝试完成的动作给出指示，它是对角色的主动行为所做出的回应。这是一个人体工程学术语。在日常生活中，它可以表现为电话或取款机键盘上的按键提示音。在游戏中，反馈就是玩家每一次和游戏元素互动后所获得的指示，如 FPS 游戏中换弹夹的声音，或武器弹夹更换的视觉动画。在不同的游戏中，我们可以结合几种不同的反馈。同时，当动作无法完成时，也会有提示消息，比如没有子弹的时候，游戏角色会通过提示音提示玩家无法更换弹夹。

反馈作为玩家动作的回应，拥有几点重要特征。

▶ 即时性：反馈必须紧随动作出现。

▶ 针对性：玩家要能够清楚地将反馈与自己的动作联系起来；反馈必须具有明确的针对性，这是其本质特性。

▶ 无歧义：反馈必须避免玩家产生误解，因此要有适当的形式。

▶ 可见性：反馈不能被其他增强沉浸感的声音或视觉效果所淹没，因此，可见性往往是最重要的特征。

反馈对玩家正确理解游戏进程是不可或缺的要素，其作用是提示玩家所期待的游戏互动是否顺利完成了。好的反馈能告诉玩家问题所在，甚至提供解决方法。游戏不能让玩家对自己行为的结果置之不理或无法领会，这一基本原则对电子游戏来讲必不可少。反馈同样能增强沉浸感，传达幽默或恐惧等感情色彩，比如角色对话、激发紧张感或放松感的音效，等等。

设计者不应满足于单一的反馈，而应尽可能尝试多种反馈：声响、画面、虚拟、音乐、手柄的震动等反馈渠道都可以被利用起来。

交互行为越重要，反馈就越必要。在优秀的游戏中，提示和反馈不仅出现在每一个游戏交互环节中，而且能与游戏的情节和环境融为一体。

◈ **提示**

提示的作用是告诉玩家应该做什么，从而引发相应的动作。与反馈不同，提示在玩家行为之前出现。提示帮助玩家做出决策，在必要或可能的时候，以动态指引的形式告诉玩家该如何行动。

提示并非是在屏幕上一直存在的图形用户界面，如罗盘或生命值等。提示可以出现在游戏背景中，如地面上的光圈，提示玩家走过去才能到下一步。

与反馈相同，提示也可以安放在游戏场景中，与游戏世界结合起来，增强沉浸感与体验感之间的一致性。

例如在射击游戏中，角色处在安全区域，但很快会遭到敌人的攻击。如果一开始敌人的射击没有命中，而是打在了角色周围，就会出现敌情提示，并标识出敌人的射击角度和相对位置。同时，游戏激励玩家做出反应，躲避进攻并向敌人反击。

提示是对玩家行为的一种刺激，与反馈有类似的特性。

- ➡ **可见性**：提示很容易被听到或看到，优先于一切其他提供沉浸感的听觉、视觉和场景元素。
- ➡ **无歧义**：提示应清晰而明确，玩家不应对其含义产生任何疑问。
- ➡ **易懂性**：提示的形式必须与所要传达的信息有直接的联系。

2▇ 宏观可玩性

微观可玩性工具能够让设计者有效地构建一款游戏，确保其每时每刻都有趣味性。宏观可玩性则作用于游戏结构，促使玩家想要一直玩下去，难以放下手中的操纵杆。它涉及游戏架构，构造了游戏的持续性。以下六种工具构成了创造和掌握宏观可玩性的原则。

a. 游戏环节

在一定程度上，游戏环节就是一款电子游戏的定义。根据三个连续的阶段——目标、挑战和最终奖赏，环节构成了玩家需要完成的整套动作。这三个阶段的顺序是不可变的，它决定了玩家的游戏进程和经历，从中进而演变出胜利或失败的结局（图 3.15）。

图 3.15　游戏环节的胜利与失败轴线

　　游戏环节像是一个句子，有主语、谓语和宾语，只有当各部分完整时，句子才有意义。它是游戏的基础结构和根本。游戏环节代表一个完整的趣味单元：没有奖励的挑战会令玩家沮丧；而目标缺乏挑战、奖励得来毫无难度，会因玩家丧失成就感而缺乏价值。

　　游戏首先要给玩家一个目标，可以有各种类型：到达某处、同某人说话、杀掉指定数量的敌人、杀死某个特殊的敌人、多次完成相同的任务，等等。目标的概念也很广泛：它可以是在某级关卡中，情节明确给出的一条指令；它也可以与游戏结构紧密相关，令玩家一目了然，例如，完成一关进入下一关，或者彻底完成游戏、抵达故事的终点，这些都是游戏的常规目标，被玩家所熟知。

　　设计者给玩家提供多种规则和可能性的开放性系统，被称为"开放性游戏系统"。在开放性游戏系统中，游戏设计的难点在于如何巧用开放系统的自由度，来创造游戏可玩性，而不是将自由度束缚。可能性如此之多，催生出许多游戏场景和场景组合，无法一一列举。我们通常称此类系统为"沙盒"（sandbox），它由玩家来探索、尝试甚至是创造。在开放性游戏系统中，玩家在所处的城市里可以与一切环境进行交互，做任何自己想做的事情，甚至造成一些不可预知的情况。然而，游戏依然遵循可玩性游戏环节的规则：它必须有一个任务目标，由玩家想法完成。此时，玩家需要富于创造性，通过不同的途径来完成任务。

◈ 游戏环节的尺度

游戏环节作为基本要素在游戏中反复嵌套，构建游戏的趣味性。如同音素、词素①、词语、句子构成了语言，游戏是由可玩性环节构成的。并且，不同尺度的环节对应着语言里的不同单位。

第一种游戏环节最基本、最细微，仅占几秒的游戏时间。它不与可玩性组件对应，却与游戏场景对应。在理论上，优秀的游戏应该有一个微观目标。微观目标尽管往往暗藏于更大的目标之中，却能在玩家完成当前场景之后对其予以奖励。

比这大一级游戏环节要占据几分钟的游戏时间，它可以是短小的探索任务，例如寻找钥匙，打开通道。

再大一级的游戏环节就是游戏关卡了。完成任务可以视为中等大小游戏环节。一个关卡的理想时间是大约 20 分钟——当然，这是就一般玩家而言，他们经常玩游戏，但还算有节制，不会整天沉迷于此；休闲玩家在一个关卡上停留的时间要短得多；而对于铁杆玩家或整日沉迷于游戏的玩家而言，这一标准没什么意义，因为他们在虚拟世界里度过的时间远远大于在"现实生活"中的时间。针对最后这类玩家，要有专门为其设计的更高一级的游戏环节。游戏关卡代表着一个完整的游戏体验，因为它总会带来最终的对抗，而且关卡类似于一个情节结构，如同好莱坞电影中的"三幕十二点"的分布构成。

---

① 这些语言学概念来自语言的双重分节理论：音素为话语的语音构成中不可分割的最小单位；词素为最小的意义单位。在话语中，词素是音素上一级的分割单位。

我们将关卡比喻成电影情节，就引入了节奏架构概念。节奏架构具有两个作用：一是带来在所有文化背景中都有效的游戏体验；二是从故事叙述体系，即电影体系中借鉴了一种结构来创作剧情①，在游戏允许的情况下，营造高质量的情感。有了这种结构，游戏的发展和高潮就显得极为自然，从而引出关卡的"终极怪物"，营造出丰富的情感体验。

比游戏关卡更高一级的环节（倒数第二大环节）代表了不同的游戏世界、图像环境、情节章回，等等。

最后一级是"游戏结束"，即游戏故事的结尾——与"终极怪物"的决斗。这级关节对应的奖励通常是解锁多种游戏模式，以便重玩所有关卡。这就是最高一级游戏环节的定义（图3.16）。

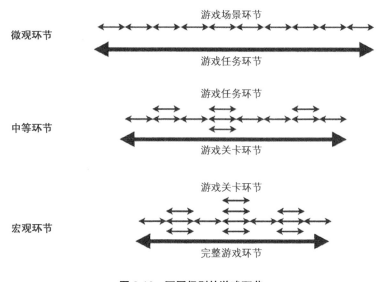

图3.16 不同级别的游戏环节

① 参见克里斯托弗·佛格勒撰写的《编剧备忘录：故事结构和角色的秘密》。

◈《魔兽世界》里的游戏环节

所有多人在线角色扮演游戏（MMORPG）的构成方式都相同，我们就以《魔兽世界》为例。

最小的基本环节仅仅是几秒钟的游戏，在《魔兽世界》中就是与敌人的一次对决。无论是面对单个敌人或一个团体，根据玩家本人和怪物的等级，战斗时间在 5 到 30 秒之间。当对手死了，玩家就可以对其进行"搜刮"，也就是说，从其尸体上获取奖赏，比如一些钱或值钱的装备——这就是该环节的奖励了。在这里，目标并没有明确给出，玩家需要探索未知区域。玩家最初的动机可能是完成一个任务，或仅仅是希望探索世界，前往怪物出没的地方。玩家到达这些地方后就会引发战斗，于是便有了"击败进攻者"这个游戏目标。大多时候，玩家实际上并不想引发敌人的进攻，而仅仅是经过此地。当怪兽前来进攻时，杀死怪兽就成了默认的游戏目标。这个基本的游戏环节将不断重复，并占据游戏的大部分时间。这其中恰恰蕴涵了《魔兽世界》可玩性的核心——战斗。

基本环节之上是一个较长的环节，即任务环节。完成任务的时间，即整个任务体验的时间，因难度不同而长短各异。然而，平均时间是若干分钟。任务的类型有几种：一种是获得经验（XP）的任务；另一种更加令人难忘，它用来叙述游戏场景，让玩家体验激动人心的时刻。一个任务始于与任务来源的接触，由其指明任务的目标。完成挑战后，玩家还要回头找这个来源，以便获取奖励。任务来源的状态通常也会出现明显的变化。这一环节的奖励也远比基本环节的奖励大得多。

任务环节之上还有两个同等重要的环节。

第一个是区域环节。任务通常按地区组织，对应着不同的区域。

在每个区域内，有若干个任务来源。玩家"完成"区域，意味着其中再也没有任务来源。区域代表了一种游戏环节，首先因为完成区域的所有任务是玩家直观且自然的目标，其次因为从一个区域到下一个区域会产生变化，视觉图像上有所不同。发现新的图像区域带来的视觉刺激本身就是奖励的一种形式，会产生令人惊叹的效果①。

与此并列的还有经验等级环节。每杀死一个怪物，每完成一项任务，玩家就能获得经验；不断积累经验值就可以提高自己的等级；每提高一个等级，玩家的能力属性就会增强，从而变得更强大。同时，玩家可以使用新的武器，穿上新的装甲，面对新的怪物，进入新的区域及其副本（如地下城）。因此，经验值的升级也定义了一个游戏环节。

另一个更独特的环节由副本构成，5 名玩家组队才能进入，此外也有为 10 名或 25 名玩家准备的副本，但十分罕见，而且经验值要求达到了专业玩家的水平。在 5 人副本中，游戏时间通常是 45 分钟到 1 小时。副本被分成若干区域，都由一个怪物把守。副本的内部环节就对应着进攻每一个怪物的进度，时间大约为 15 分钟。当每个怪物被击败时，玩家都能收获罕见的装备、武器或传说中的橙色装备等丰厚奖赏。

玩家继续探索《魔兽世界》的更高层级游戏环节时，会注意到每跨越两个关卡，就可以去找该等级的职业训练师，购买新技能（图 3.17）。这个目标在游戏开头就已经说明，并在游戏当前设计的全部 80 个关卡间不断重复。挑战就是跨越两个经验等级，奖赏就是解锁新技能。在接下来的某些特定关卡中，玩家可以购买物品。这本身并不算一个环节，却是玩家的强大动力，因为它的确是达到一

---

① 即发现新事物，比如出色的技术或惊人的图像，获得的惊喜与愉快。

定级别后才能获得的奖赏。

图 3.17　《魔兽世界》(© 暴雪) 是大型多人在线角色扮演游戏的典型例子

最后，当玩家达到最后一个等级，以为自己终于完成了游戏时，游戏启动了最终环节的更替。游戏赋予了玩家第二次生命。玩家之前的游戏体验是线性的——时而组队，时而独自一人，但从这一刻起，游戏要求玩家必须组队才能继续。首先，高等级的副本可以在英雄模式下重玩，并获得更强大的新装备作为奖赏。从这开始，游戏的主线不再是经验的升级，而是装备的升级。新一轮游戏的难度等级更高，针对至少是专业级别的玩家。完成英雄模式副本后，玩家会以 10 人或 25 人组队，去探索新的、更高级别的特殊副本。这将为他们提供前所未有的更高级挑战和绝无仅有的奖赏。

◆ **暴雪公司发明的 almost 原则**

如果要完整地分析《魔兽世界》游戏环节的划分，我们就不得不提职业行为、装备买卖、打钱（farming）等充满"角色扮演"意味的概念。这些行为构成了一些可轻而易举完成的额外游戏环节。唯一的难点是，这些行为需要特定的经验等级。职业行为的水平只能随着经验值的增加来提高。

这些与主要环节并行的选择，可以不断提高角色的能力，使其获得更强的战斗力。暴雪公司在《暗黑破坏神 1》（*Diablo 1*）中就确定了这一在其他游戏中很少见的原则——almost 原则（图 3.18）。该原则的根本思路是玩家同时拥有的几个并行目标：每时每刻，玩家都在努力完成多个目标；而每个目标对应不同的游戏环节，其中有些环节相互关联，另一些则不是。总之，玩家在游戏中的每一刻，都能参与从短短几秒到几分钟、甚至几小时的不同游戏环节。所有玩家都置身于众多的可能性之中，完成一个环节又引出另一个新环节，如此往复。游戏始终召唤玩家们继续完成任务，将他们长久地留在游戏中。

《暗黑破坏神》的主创者之一埃里克·施费尔在一篇文章[1]中谈到暴雪公司对游戏语言的认识和掌握，他们的成功绝非偶然。

---

[1] Eric Schaefer, http://www.gamasutra.com/view/feature/3124/postmortem_ blizzards_diablo_ii.php

图 3.18 《暗黑破坏神》，暴雪公司发明的 almost 原则

◈ **什么是游戏奖励？**

说到游戏环节，随之而来的问题就是：游戏奖励机制该如何定义？奖励或报酬的概念应当具备几个特点。

▶ 总是对应于完成一项挑战。

▶ 始终与投入的努力成正比，且与玩家的期待相一致。

▶ 采用若干种形式。

▶ 始终与环境相关联。

设计者想要掌控游戏中将出现的所有奖赏，就必须定义一个奖励机制，也就是说，设置游戏环节的整体结构，根据上述特性确定各种奖励的性质和频率。要注意，根据目标玩家的类型——铁杆玩家或休闲玩家——奖励的性质可以（也应该）有所变化。

游戏奖励可简单归类为两类。

- 直接服务于游戏：
  - ·全新功能，带来前所未有的新行为或新挑战；
  - ·加强作用的物品，如生命药水、盔甲、装备等。
- 与游戏环境相关，与玩家和角色之间的情感关系相关，但不直接服务于游戏：
  - ·剧情画面；
  - ·定制的装饰元素；
  - ·特约内容，如电影片段；
  - ·游戏制作花絮，等等。

休闲玩家就像孩子一样（铁杆玩家有时也难免），对他们来说，游戏环境的情感因素很重要。而对于铁杆玩家来说，能改善游戏可玩性的奖励显然更值得称道。

总结一下游戏可玩性环节概念：要记住，这是能让设计者创造和控制游戏节奏的主要工具。游戏可玩性环节决定了游戏的步调。

b. 激励

激励（motivation）可能是理解起来最难的概念。事实上，如果玩家在游戏还没结束时就不玩了，我们称之为出现"积极性缺口"，结果就是玩家对游戏彻底失去兴趣。出现"积极性缺口"通常是因为在游戏的某一时刻，游戏难度与玩家水平不同步。当然也有其他原因，比如没有让玩家"尝到甜头"，也就是说，游戏缺少提高积极性的奖赏机制：玩家本来期待在越过障碍之后能获得奖赏，却发现一无所获。

激励的另一面是奖励自身的性质，以及玩家获得奖励的顺序。这两点必须遵从游戏激励理论中的某些普适规则。

◈ 激励的类型

我将详细讲述两大激励类型。它们并非电子游戏的专利，但直接适用于电子游戏。

第一种激励是**外在激励**，代表来自玩家外部的所有激励力量。这些元素不与玩家本人直接相关，而与他在游戏里的虚拟角色相关。这类激励元素无非就是游戏里的赏金、奖品，能对游戏本身的开展产生影响。赢取生命值、经验值、新武器、新技能是对游戏角色的奖励，应用于游戏本身：赢得医药箱即可恢复生命值，玩家就可以玩更长时间，或在更危险的挑战中获胜；获得新武器或新能力就是获得更多可能的玩法，这也是游戏角色与虚拟世界的互动方式；最后，获得经验值直接影响着玩家所要面临的挑战，因为难度级别直接取决于角色与障碍之间的经验等级差。生成外在激励的元素有无限多种形式，但只要它们仅应用于角色和游戏本身，其性质就不会改变。

第二种激励是**内在激励**，即作用于玩家本人的所有激励元素。通常，它们给玩家带来了游戏结束之后依然存在的实际益处，这种益处可以是生理上的、精神上的，也可以是社会性的。健身游戏给人带来生理上的益处——玩家收获健康或者减肥成功，但这种益处并不会对游戏本身有什么改变。益智游戏或大脑训练游戏提供了另一种益处。《刺客信条》系列游戏讲述了意大利文艺复兴时期的历史，供玩家学习——哪怕这并非游戏体验的核心，而且游戏里的故事往往难辨真假。社交性激励则是通过得分评比、对抗或合作机制来实现的，玩家在游戏里与现实的社交圈子互动，扩展个人交际领域。

每一款游戏都必须能够明确所采用的激励类型、激励方式以及位置，这样才能构建出游戏激励架构的重要组成部分，从而提供激励在游戏中的有序部署，令众多玩家乐此不疲（图 3.19）。

不积极 ━━━━━━━━━━━━▶ 积极主动

无激励	外在激励		内在激励	
毫无积极性	被动的积极性	外界注入的积极性	自觉的积极性	强烈的积极性

图 3.19　游戏激励轴线

◈ 奖励的作用

激励元素主要通过"奖励"这个窗口提供。奖励与之前讲过的可玩性环节有直接联系。

奖励的价值应当直接取决于所对应的游戏挑战的难度和长度。这看起来显而易见，但也不免会出现这种情况：玩家玩了一个小时的游戏，完成任务后得到的却是没用的能力。这样，即便游戏难度不大，玩家也会在未完成游戏时就弃之而去。

◈ 激励链条

这是一条与人类各种需求相对应的、合理的激励链。我不再将激励按照内在和外在区分，而将其映射到"马斯洛金字塔"上。

20 世纪中早期的美国心理学家亚伯拉罕·马斯洛（1908—1970）提出了著名的动机和需求理论，至今这仍是全世界广泛参考的心理学理论。

马斯洛概括了大致五个层次的线性需求，每个人都必须先满足下一层次的需求，才能达到上一层。第一个层次是所有与生存相关的概念；第二个层次是与安全的概念相关；第三个层次是社会和情感归属；第四个层次是别人的认可和尊重；最后，第五个层次是自我实现（图 3.20）。

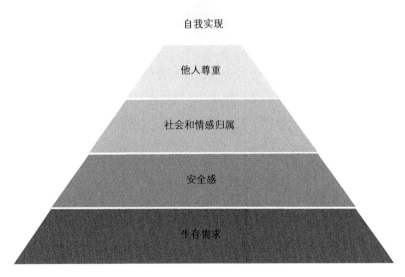

图 3.20 马斯洛金字塔

人类需求的这种组织方式同样也是奖励系统的有效组织形式。不难理解，让游戏角色生存下来、不断变强等所有外在激励所对应的奖励，都置于金字塔较低的层次，而带来内在激励的奖励则放在金字塔较高的层次。

还要注意的是，游戏环节越长，奖励就越应当与内在激励元素相关联。小环节加起来构成中等环节，中等环节又构成大环节。我们可以认为，小环节对应马斯洛金字塔的较低层次，而大环节则与金字塔的较高层次相关。

c. 游戏系统

游戏系统是一整套定义了游戏趣味性的规则。这些规则如同一张蜘蛛网，限定了游戏中允许或禁止的东西。游戏系统犹如是一张草图，规则在这张图上幻化出丰富的趣味活动。有了这些规则，游戏才有了牢靠的界限，具备了程序实现所需的严谨性。玩家玩游戏也是在此框架之内，有序可依。

具体来说，经过专业设计的游戏系统应该能描述出主要角色的所有主要功能以及敌人运行的方式，其中包括所有敌人的通用系统：敌人发现系统（若存在）的工作方式，及其对可玩性的影响；敌人的移动系统和路径寻找系统，及其对游戏的影响；敌人的武器攻击弹道系统，等等。

游戏系统还必须包含所有结构规则，例如游戏目标、存档系统、记录点（存档位置）、生命系统、游戏结束系统，等等。

所有这些原则及规定看起来似乎很容易列出，但会根据游戏的不同而发生变化，当然，从它们之中可以找出很多共同元素。事实上，在这些规则的所有细节中做出恰当选择，是相当有难度的事——哪怕只有一两个糟糕的选择，就可能毁掉一个很好的游戏。游戏系统的精髓，是让游戏焕发活力的灵魂，是游戏中蕴含的丰富可玩性。

以《吃豆人》为例，游戏核心是在 2D 迷宫中移动角色，并预判敌人的路径。游戏的乐趣在于不被敌人碰到。基于这一游戏核心，游戏系统可以总结如下：

- 主角在迷宫中被妖怪追逐，只要被妖怪碰到就会死；
- 主角必须吃掉迷宫中的所有豆才能获胜；
- 主角若吃到大豆，游戏规则反转：主角可以在一段时间内追逐并吃掉妖怪。

当然，专业的游戏设计文档应该描述所有规则，进行更详尽的阐释。然而我认为，千万不要纠缠在相互平衡、相互连接的规则细节中无法自拔。游戏系统要行之有效，简单明了。不要忘记，我们需要创造的是游戏的乐趣。

明智的做法是制作一个两层游戏系统。第一层便是等同于《吃豆人》中所提到的规则。通过几条规则，应该已经能定义出可以创造趣味性的游戏系统。游戏的结构性规则一旦确立，游戏的玩法就显而易见。第二层是一套小规则，用来规定、平衡游戏的日常细节。

以足球游戏为例，第一层规则如下：

- 每队 11 名球员和一个球门；
- 球队的目标是把球送入对方球门；
- 除了守门员，其他球员不能用手触球，守门员必须留在禁区内。

第一层规则确定之后，就需要定义第二层规则，包括游戏时间、越位规则、球出界的情况、球员受伤的情况，等等。

游戏系统是最难以实现的工具之一，因为它或许是最抽象的。然而，游戏系统又极其重要，不容任何失误。

d. 系统游戏与叙事游戏

系统游戏和叙事游戏是游戏设计者通常会不自觉地采用的两个设计流派。两者特征完全相反。然而，设计者完全基于其中之一或是同时基于二者创作游戏都是可以的。

◈ 系统方法

系统方法基于逻辑系统来理解或创作游戏。这里所谓的"系统"就是一系列按一定原则或规律相互作用的元素的总和。在游戏中，该方法指的是创建一个由特定规则和机制编织而成的游戏系统。

这个方法规定了无法预判的各种玩家互动组合。于是，同一个游戏系统中的每一局都可以有所不同。系统方法允许无穷多的行为组合，于是催生了沙箱原则和开放原则。系统方法并不让玩家竭尽全力去抵达一个游戏终点，而是允许玩家自由地决定一局游戏的进度和方向，以及各种可能的结局。它不会创造紧张感，因为它不会自然地引导游戏朝着一个共同的节点收敛。总之，每一局游戏都不是预先写好的。只有游戏展开的背景框架才是预先设定的，就如同一种生态系统。

但是，设计者采用补充机制就能制造出紧张感和各种情绪，其强度和性质接近于戏剧。事实上，胜负的概念直接对应于角色在任务中的生与死、幸福与痛苦、成就与挫败。在一个系统游戏机制中，"劣势"相当于局势失衡，接近失败。这本身就能产生紧张感。正如我们所看到的，游戏基于挑战。挑战源于玩家和对手之间的平衡关系，对手也可以是另一位玩家。当一方成功为自己赢得了优势，平衡即被打破。游戏中出现紧张的对抗，令玩家改变玩法，紧张感进一步升级。接下来就是双方一决胜负，或重新建立平衡。

最突出的例子是足球游戏，它不仅仅是足球运动的真实写照而已。实况足球（Pro Evolution Soccer，简称 PES）和 FIFA 这两款足球游戏是系统游戏的完美例子。它们遵从由规则建立起的游戏系统。每一局游戏都不是预先设计的：任何一方都可能获胜，或者打成平局；同时也会出现特殊情况，如加时赛或点球。

在系统游戏中，玩家在规则之内创造属于自己的游戏场景——我们几乎可以称之为一种游戏算法。

◈ 叙事方法

叙事方法采用一个故事和事先写好的剧本。从定义来看，叙事方法不是动态的，而是静态的。叙事方法使用剧本来指引游戏的进度。故事情节作为主线，游戏围绕故事线中不可避免的各个剧情节点开展。

这些剧情节点构成了故事，定义了游戏事件进展中必要的过渡，从而营造出游戏的紧张感和玩家对角色的情感认同。这是创造故事情感的基础之一。在剧情节点之间，可以安置任意多个游戏事件，事件顺序也可以留给玩家来决定。运用叙事方法总要基于以下几个概念：开始、中间、结尾、故事进展、人物变化，以及剧情的升华、加剧和高潮。

叙事游戏的设计难点是如何将趣味性与剧本完美结合。全局剧本架构了游戏整体，剧本的每一个阶段对应着游戏的一个或一组关卡。游戏的“骨架”由按剧情结构相互连接的“游戏包”组成。每个游戏包都包括了一个或多个关卡，关卡可以按线性方式组织，也可以不用线性方式。

关卡设计本身就是一种叙事性写作。事实上，关卡设计并非随意地将游戏场景串联在一起。它遵循着两个层次的合理创作方法。

▶ 第一层是趣味性，即游戏场景的微观层面、属性、难度，等等。从趣味性角度来看，游戏关卡必须遵守创作规则，这些规则定义了游戏的进展方式，给定初始目标和玩家必须通过特定的学习阶段，等等。

▶ 第二层对应于关卡更全局化的组织形式，基于各个连续阶段或者相连的区域。这种结构可以依托叙事系统，并给出玩家情感发展的组织形式。

本质上，关卡设计是一个基于地理和时间进展的系统。它引发了运用在游戏背景及其构成物上的各种变化和进展，但同时，这些变化和进展与玩家的自身发展直接相关。从这一点看，关卡设计拥有戏剧性结构。可以说，关卡设计创造了一个游戏故事，因为它所运用的和创造的，都只是游戏的情感。

◇ **两种方法的结合**

上述两种方法完全相反，一种要预先创作事件，另一种认为无法预先定义，只需确定生成事件的规则即可。于是人们会认为，一款系统游戏不可能同时是叙事游戏。这只是一种成见，用一种方法设计游戏并不意味着要排除另一种方法。

还是以《吃豆人》为例。这是一个系统游戏还是叙事游戏？事实上，两者兼而有之。这款游戏具有强大的游戏系统，但它提供了一些变化的关卡，完全可以叙述一个故事。试想一下，关卡之间若有过场动画，吃到大豆和杀死妖怪都代表着游戏世界的故事情节……我们可以把它想象为战士与侵略王国的幽灵战斗，并要找到穿过地狱、抵达恶魔所在之处的道路。这一情节与《暗黑破坏神》

十分相似,后者本身也是系统游戏和叙事游戏的完美结合。纯粹的叙事游戏或系统游戏十分罕见:我们可以说,《俄罗斯方块》是一个 100% 的系统游戏,而点击类的冒险游戏完全基于故事情节。

两种方法结合的佳作还有《塞尔达传说》。这是一个动作、冒险和 RPG 游戏,玩家扮演一个英雄,在故事中不断经历自身能力的进化。地牢区域的设计基于关卡设计的系统方法,但也基于游戏的情节。

不过,《塞尔达传说》提供的虚构情感不多。这是因为该游戏的剧本创作比较单薄。通常大部分电子游戏的剧本创作都比较单薄,即便其中不乏高质量的故事情节。

目前,电子游戏的创作者仅关注了剧情的主动面,剧情和角色的演变等概念还尚未被考虑。这些概念很可能在未来几年内发展起来,因为这毕竟是游戏进一步发展的最后阶段。

难点在于玩家对游戏角色的身份认同,在于系统游戏与叙事游戏、游戏可玩性与戏剧创作之间复杂的结合。但一切都是可能的。若设计者已经能基本把握好可玩性,他们今后就应该能掌握与之相对应的戏剧创作,从而将其巧妙地融入游戏之中,并能在两者之间转化。

◈ 以消费者为中心

"以消费者为中心"(consumer centric)的原则是游戏元素要适应玩家需求。首先,对玩家进行观察,收集与玩家玩游戏的方式、游戏水平、喜好等相关的数据。接下来,游戏会动态地适应玩家,从而实现设计者想要玩家在游戏中获得的体验。例如,一个地段必须显得足够重要,才能使玩家选择通过。如果玩家水平高,相关设置将按照玩家的水平动态调整,提高过关的难度。如果玩家水平较弱，游戏参数值将会有所不同，如怪物更少、敌方的生命值较低而玩家生命值较高，等等。不管玩家水平如何，都会经历设计者预先设计的游戏情绪和体验。而且，所有玩家的游戏体验应该一致。游戏系统的任务，就是依照玩家情况对游戏的反应进行调整。

这种游戏系统的优点在于，它结合了系统和叙事，保证实现剧情作者想要的感受和设计者想要玩家每时每刻获得的体验。优秀的游戏不能缺少系统模型，而所有意在创作深刻情绪和情感的作品都要依赖戏剧创作——该系统恰恰就是两者之间缺失的链接环节。

我建议游戏创作者凭借"玩家管理工具"（player manager）来构思自己的游戏系统。玩家管理工具是一个能够管理游戏反应的人工智能系统，它能将游戏反应置于所需的关卡之上，使玩家获得设计的游戏体验。

e. 游戏结构

我们可以将游戏的结构定义为用来组织空间、时间和玩家在一局游戏中所获提升的系统。这三个类别中任意一个发生变化，都会使游戏有所不同。

◈ 空间

首先要定义的游戏结构元素就是游戏角色置身其中的空间。有了空间，即地理区域，就有了角色在空间中的前进，以及空间本身的发展变化。

因此，游戏按照空间和空间变化可以分为四大类。

第一类是空间线性演变游戏。这些通常是有较强叙事性结构和基调的游戏，以故事情节为主线来构造空间结构。事实上，关卡相互连接，并没有给玩家留出非线性的选择。这一类游戏包括冒险游戏《波斯王子》和《神秘海域1和2》系列，以及所有带有冒险元素的 FPS 游戏，等等。

第二类是部分线性空间游戏，其结构以"传送房"（warp rooms）原理为基础。传送房是一个如同十字路口的中央空间，角色可以由此访问若干个不同的宇宙。传送房形式多样，大小各异。最早的几部《古惑狼》（Crash Bandicoot）游戏里就存在一个几平方米的小空间，可以从其中的一扇门进入一个关卡。传送房总有五扇门，即五个需要挑战的关卡。一旦五个关卡完成，第六扇门就会打开，角色来到老怪那里。老怪被打败之后，就会出现通路进入下一个传送房。《塞尔达传说》也建立在相同的模式之上。角色到达游戏的世界，即战场和外部世界，都需要用到传送房。不同的地区有相当于游戏关卡的地牢。玩家可通过任意顺序来玩这些关卡。一旦玩家完成特定关卡，游戏就会出现新的外部区域，包含新的地牢。

第三类是开放世界游戏。这里游戏的主线并非地域的拓展。游戏的世界从一开始就是开放的，玩家可以随意游走。剧情才是游戏的主线，引导着游戏体验的展开。玩家可以按想要的顺序完成多个可能的任务。只有在剧情节点才会有规定的情节，例如场景过渡就只有一个任务。玩家随着任务的推进，可以解锁新的游戏元素：新交通工具、新武器、新记录点等，甚至新的空间也可以被解锁。在一些系列游戏中，随着游戏进展会出现新的岛屿和城区。

最后，第四类是纯粹的系统游戏。在这里，地理位置不会决定玩家的进展。玩家自由地处在完全开放的空间中。例如《实况足球》或《FIFA》，玩家从一开始就能看到整个球场，《俄罗斯方块》和 EA 推出的《模拟城市》也是一样。

◈ 时间

游戏结构中对时间的组织至关重要，这决定着游戏节奏的基调。因此，在构建时间结构时必须时刻考虑目标玩家，按照玩家的类别（铁杆玩家或休闲玩家）来进行调整。时间的组织方式确定了游戏结构，如同游戏的乐谱，它为玩家听到的音乐奠定了基础。对此，我们需要从两个角度来考虑。

首先是每一个游戏核心所占据的时间。我以育碧公司开发的 Wii 上马术游戏《亚历山大·雷德曼》（*Alexandra Ledermann*）中的一个章节结构为例。该游戏有三个核心：冒险（对话、任务和实时动画）、护理（照顾小马、刷马、获得马的信任、驯服野马）、真正意义上的比赛（障碍赛、耐力赛等）。于是，我们对玩家——按游戏目标人群来看，玩家大多应是女性——在游戏各个部分的时间分配进行了预先估计（图 3.21）。

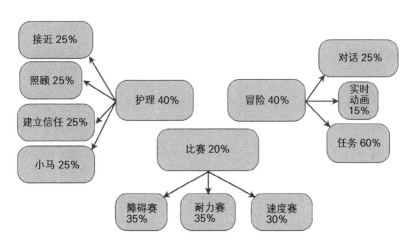

图 3.21 各个部分的游戏时间分配

这个方法的优点是，它能帮助设计者把控自己设想的功能和游戏核心，并令其保持一致性。如果一个游戏核心只占半小时，就根本不值得花大量成本去深入设计。这也有助于考察游戏核心是否未被充分开发。借此，设计者可以按照游戏核心的乐趣强度，优化游戏时间。如此一来，设计者便能最大程度地预设好各项功能，避免在无益的方面耗时、耗资而拖累了游戏的整体品质——如果时间和金钱都花在没用或用处不大的地方，就必将减少在真正有意义的地方的投入。

进行时间组织的第二个角度是时间的开展：游戏中的事件开展要按照怎样的顺序，玩家到访的空间有哪些，分别需要多长时间等（图 3.22）。为此，设计者需要确定中等游戏环节所需的时间。这意味着，设计者以中等游戏环节——一个任务、一次搜寻、一个关卡等的时间为单位，确定关卡该如何按非线性方式分组并如何相互连接，在哪里安放怪物，要给关卡分配多少平均游戏时间，等等。我们举一个传送房关卡的例子，来说明设计者如何设计游戏时间结构。

设计者做出上述分析，再一次对游戏的量与质进行把控。设计者的想法越清晰、明确，分析就越可行。设置关卡的平均时间，就像是放置了一个节拍器。时间和节奏的框架自然而然地形成，最终实现预设的总游戏时间。当今大众游戏的平均时间为 8 小时，不包括重玩的时间。

游戏核心 （游戏总时间 10 小时）		
冒险 = 游戏总时间的 40 % = 4 小时		对话 = 冒险的 25 %= 1 小时
		实时动画 = 冒险的 15 % = 36 分钟
		任务 = 冒险的 60 % = 2 小时 24 分
护理 = 游戏总时间的 40 % = 4 小时		接近 = 护理的 25 % = 1 小时
		照顾（刷洗、清洁等） = 护理的 25 % = 1 小时
		建立信任 = 护理的 25 % = 1 小时
		小马 = 护理的 25 % = 1 小时
比赛 = 游戏总时间的 20 % = 2 小时		障碍赛 = 比赛的 35 % = 42 分钟
		速度赛 = 比赛的 35 % = 42 分钟
		耐力赛 = 比赛的 30 % = 36 分钟

图 3.22　游戏时间详细分配

依靠这类方法，设计者可以明确所需的关卡数量，并依照游戏开发的预算和时间，确定所需图形环境的数量。我们在一种图形环境里可以创造若干个游戏关卡。比如"森林"这个图形环境能在多个关卡中多次使用（图 3.23）。为了又能降低开发成本，又能有所变化，可以为一个环境添加细节区别：季节变换、积雪、夜景等。若技术允许，还可以尝试不同光线条件下的森林，也会出现丰富的变化。

图 3.23 Wii 上的《亚历山大·雷德曼》游戏

◇ 提升

提升代表着玩家在游戏中体验的成长，意味着获得新能力、新的可玩性或新玩法，以及经历印象深刻的时刻，等等。想定义玩家的提升，首先要确定游戏的"主线"。主线衡量了玩家从头到尾的成长变化，如角色扮演游戏中的经验等级、金钱、解锁技能等。

提升经常与激励的概念相关。通常，提升其实是激励玩家成长的核心因素，如《魔兽世界》中的等级。

同一个游戏中可以有两个或多个相互交替的主线。仍以《魔兽世界》为例，为了促使玩家坚持数小时战斗，主线首先是经验值，其次是物品，即重要的装备。

最终，设计者应该在同一个方案中综合运用所有的提升方式。下面是《波斯王子》这类游戏的关卡设计例子，它以一个故事场景和格斗或平台游戏系统来架构（图 3.24）。

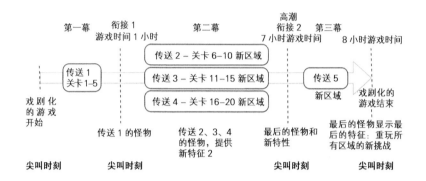

图 3.24　提升结构的例子

f. 易用性

电子游戏易用性的重要性在几年前还尚未从游戏设计中凸显出来。如同其他许多概念一样，尽管易用性本身就是一项重要的制作要领，本应独立分工设计，却被淹没在游戏设计流程之中，难以区分，其概念和意义也含混不清。

随着电子游戏与心理学，尤其是与认知心理学之间的联系浮出水面，游戏易用性的变得更加重要。我在此讨论易用性，是因为游戏设计师需要了解易用性的作用，并在设计之初就应加以考虑。最好的办法是，在早期设计阶段就请人体工程学家参与进来。

游戏的易用性以三个特性来定义。

➡ 可用性：明确游戏的使用方法，避免玩家感到沮丧。

➡ 学习阶段：学习总要付出努力，因此要让游戏的学习过程变得有趣。

➡️ 难度管理：调整难度设置，明确针对各类目标玩家的一切难度等级。

无论打造何种产品，设计者可以使用具体工具确保易用性的质量，这些工具按照目标分为两类。

◈ **避免混淆**

这一目标通过三个工具实现。

➡️ 提示和反馈。我之前已经讲过提示和反馈，再次重申：提示是对玩家行动的引导和激励；而反馈是游戏对玩家行动的回应，目的是告诉玩家其在游戏中的行动的后果。

➡️ 游戏相关信息的醒目程度。信息必须很容易被发现，可以采用大字体、适当的词汇、视觉层次、颜色、频率、音量、手柄或屏幕振动等效果；信息必须容易被理解，比如那些与环境和行动相适应的消息；信息还需按逻辑组织，使其更加直观。

➡️ 信息内容与其传达形式之间的一致性。人体工程学家提出一个简单的原则：一个功能对应一个形式。同样的东西应该具有相同的含义和相同的行为，而不同的东西就应表现为不同的含义和不同的行为。设计者还必须提防一个陷阱，即玩家的文化习惯。一款游戏的一致性还应该考虑同类型其他游戏的做法。当然，玩家的文化习惯是最重要的，必须被了解并考虑。

◈ **让玩家觉得舒适**

同样，有三个工具保证游戏的舒适性。

➡ 负担最小化。玩家玩游戏是为了放松，在游戏的多数时间里，不应遇到让人沮丧的障碍。例如，心理负担是考虑的关键。一般人平均能接受五六个连续信息。因此，没有必要制作冗长的入门指南，玩家并不会记得住。同样，与游戏可玩性并无直接关联的一切操作都应能毫不费力的完成，比如导航菜单。

➡ 玩家不应该在游戏环节之外感到烦恼或经历角色死亡。重要的是，设计者要对玩家在游戏环节之外遭受的失误或风险提前告知并施以援手。

➡ 每个玩家都是独一无二的，他必须能根据自己的意愿设置游戏。游戏的自定义设置与玩家自身相关。玩家可以让游戏适应自己的水平、喜好和意愿（选择难度、挑战等）。但游戏还应能主动地适应玩家的水平和特点。比如，《古惑狼》中的记录点就能自适应玩家的难度级别。

第 4 章
表现形式

"表现形式"应该被理解为游戏中包含的所有艺术形态。设计者若想给玩家提供优质的游戏体验，就需要令玩家投入其中。想让玩家不自觉地被游戏吸引，沉浸在游戏情节中，就需要通过游戏表现形式这个媒介。

表现形式是制造沉浸感的工具。因此，我没有把表现形式限制在图形和视觉艺术的范畴之内，而是将其扩展到玩家和角色所在特定空间之中的声音、音乐和舞台呈现。

这里展示的工具是专业著作和艺术院校里教授的传统艺术选择。它们并非本书的中心主题，却是营造最基本、最重要的游戏感受所必须的工具，必须包括在电子游戏的设计工作中。因此，我们需要了解游戏设计中的基本要素。

A. 风格

视觉风格决定了视觉处理方式的选取。所谓处理方式，就是"表达方式的选择"；而视觉风格即为表达方式和绘画的类型。用什么样的风格定位游戏和整体视觉感受？动漫风格、现实主义风格、写实主义风格？这三种风格各自对应着几大类选择，而视觉风格的选择应从整体设定开始。

接下来要对选择进行细化。如果游戏定位是动漫游戏，就要进一步精确定义。动漫也可以理解为"动画"，是一个包含众多不同视觉风格的广阔领域。我们采用更接近皮克斯（Pixar）《玩具总动员》的视觉风格、宫崎骏《幽灵公主》的绘画风格，还是"超级英雄"系列的连环画风格？如果选用连环画风格，要优先选择哪种表达方式呢？《X战警》的作者杰克·柯比的方式，还是《超胆侠》和《罪恶之城》的作者弗兰克·米勒的方式？

确定视觉风格的基础是精准地选择参照，即某些具有标志性的作家作品，其表达方式代表着特定的视觉风格，随之带来独有的感受和基调。

"风格"不仅是存在于视觉领域的一种表达方式，也能同时体现在音效的选择上。音效的风格选择也非常重要，它决定着游戏所属的经典音效类别。音效必须包括声音和音乐。同视觉风格一样，设计者也要选择一个类别，如动漫、现实主义等。

当然，所选择的视觉与音效风格必须一致。两者的结合应能切实地产生一些效果和感受。

B. 氛围

氛围直接关系到人们的感受，关系到游戏通过表现形式使人产生的感觉和情绪。从图形和视觉的角度，氛围可以由两个基本要素来限定。

◈ **色彩**

根据所选择的色调、主色、饱和度、稀释度，我们对图像着色，并定下基调。《旺达与巨像》(*Shadow of the Colossus*)、《波斯王子》等类型游戏的色彩选择所带来的感受是完全不同的。因此，色度学是氛围选择中的关键领域之一，决定着作品所营造的感觉。

◈ **光线**

光线是色彩的补充。在昏暗与炫目之间，存在着多种亮度和不同类型的光照。光线是构建氛围的强大因素，不仅能给人以积极或消极的情绪基调，还能通过光照的类型影响游戏的整体风格。一个典型的例子是表现主义运用的光线：阴影明显且总带有夸张和扭曲的元素，光线从来都不是整体的而是局部的。光的明暗刻画了空间，令事物可见或不可见。光线绝对是一项重要的选择（图 4.1）。

图 4.1　Team Ico 用光线营造的诗意氛围

◈ 音效

所谓音效，我们通常称其为声音的色调，即声音和音乐所要共同营造的情绪。设计者选定的声音处理类型，即效果和传播的类型，也决定了最终的音效。

◈ 舞台呈现

从舞台效果角度来看，氛围是通过角色所处背景和所遇人物的性质来营造的。时间性的选择也能加强感受。阳光普照的森林公园与夜晚的老街，两者气氛注定截然不同；路上遭遇小丑杀手，还是碰到可爱、善良的土拨鼠，气氛也会大不相同。这些元素貌似不难选择，但若要追求细致、准确和独创性的话，确实很难处理。希区柯克曾说过，他经常利用地点和时间的变换来制造悬疑。例如，电影《西北偏北》中，加里·格兰特在白天乡下的十字路口被飞机袭击的场景，这就与在雨夜的城市街头，一名男子被黑色轿车里伸出的枪射杀在人行道上形成了完美的反差。

C. 标识

电子游戏的标识应理解为视听标识，如同电视节目片头的字幕或电视台的台标。一款电子游戏平均有 8 小时的游戏时间，也就是说，标识也有 8 小时的展示时间。这比电视频道标识的出现时间短，却比只持续 52 分钟的电视节目的标识曝光时间长多了。电子游戏的标识一般包括下列元素。

◈ 片头字幕

电子游戏如何开始？呈现菜单画面之前会出现什么内容？游戏第一次启动会发生什么？游戏制作职员表该是什么样子？这些概念与菜单不同，因为它们占据着与游戏和菜单无关的时间。我借用了电影中"片头字幕"一词，例如在影片开头出现的导演和演艺人员姓名。在游戏中，还可以通过交互式的方式实现片头字幕。索尼的《小小大星球》（*Little Big Planet*）在第一关中让玩家控制一个角色移动，显示了游戏开发团队成员的名字。

◈ 菜单

玩家在游戏中看到最多的两个窗口是主菜单和暂停菜单。因此，它们作为主要的展示空间，也应该被用来营造气氛，为玩家提供最初的游戏沉浸感。菜单本身是一个交互单元，以拥有与游戏不同的互动系统、控制方式、易用性、图形和音效。但是，如果既想让菜单质量好、与游戏基调一致，又想降低成本，设计者就需要有敏锐的眼光和苛刻的要求。事实上，菜单设计的工作量并不小，却往往在制作总成本中被忽视。

◈ 图形用户界面

图形用户界面（GUI），即游戏期间出现的所有界面。这也是保证游戏标识和游戏沉浸感之间一致性的基本工具。图形用户界面会在屏幕上连续显示。但当今的趋势是，为了确保沉浸感，仅偶尔插入显示界面。人物的头像、生命值等也是需要予以考虑的标识元素，应采用与其他标识相一致的美学选择。

D. 游戏视野

如今的游戏机已经非常强大，能够承载流畅的 3D 游戏，模拟真实的环境。3D 拍摄基本上等同于真人动作拍摄，即在实景中拍摄真实的演员。设计者必须设置 3D 视角，考虑连接、角色的移动、景深、光线等因素。我们可以在 3D 环境中实现无可比拟的视角轨迹，但这毕竟不是在拍电影。

游戏中的视角是 3D 视角。目前，游戏机能提供与电影院相当的游戏视觉效果。当然，我们不推荐使用特写镜头，但在可控范围内也可以采用。

"游戏视野"代表着游戏视角应具备的所有可能，必须在游戏创作过程中予以考虑。

一般来说，追踪角色的问题，以及其他为了不妨碍游戏可玩性而产生的问题都十分复杂，以至于我们未曾全面考虑过视角在艺术方面的全部可能性。

我特别提出"视野"的概念，是因为视角就是眼睛的模拟，摄像机就是一种具备景深、焦距、运动和运动检测能力的视觉装置。为了让视角的呈现方式拥有更多可能性，也就是让游戏可玩性拥有更多可能性，我们不妨利用电影和影像领域的一些工具。

- ➡ 镜头：视点、构图类型、焦点和焦距类型（变焦、动态对焦校正）、运动等。
- ➡ 剪辑：连接类型、剪辑类型（交替、并行、倒叙、预叙等）、动态与节奏等。
- ➡ 画面效果：颗粒度、饱和度、渐晕等。

E. 游戏世界

　　游戏世界是对设计者想象能力的一大考验。创造游戏世界如果从写作和对世界起源的设想开始——自然法则、地理环境、人口、某一地区的人文故事，等等，设计者就能找到创作的出发点和丰富的创作形式。

　　草图、创造性思维，对氛围、人物、机器、工具的研究，这些想法都能为游戏世界的构建添砖加瓦。研究声音也是激发想象力的一种方式，能让游戏世界更加具体，对世界加以塑造并定下基调。因此，表现形式的专业分工在游戏世界的创作过程中是必不可少的，明确各种分工所占的比例尤为重要。

第 5 章

关卡设计：
制作之前的最后环节

A. 游戏设计和制作流程

关卡设计 [1] 是游戏设计的自然延伸。严格意义上，游戏设计并不包括关卡设计，但关卡设计仍然是电子游戏预制作阶段的最后一个重要环节（图 5.1）。

电子游戏的诞生始于设计。在设计阶段里，设计者通过前面描述的工具构思所有中心机制和结构。在此之后是预制作阶段，详细定义游戏的所有机制和元素，以此确定技术规范。在下一节中，我们将介绍如何以迭接方式来完成技术规范的定义，而绝不是先由一些人构思写出文档，再由另一些人完成制作。

建立技术规范之后，就可以进入制作阶段了，即制作游戏所需的所有元素：从图形、音乐到程序设计。

---

[1] 可参阅人民邮电出版社出版的《通关！游戏设计之道（第 2 版）》。

——编者注

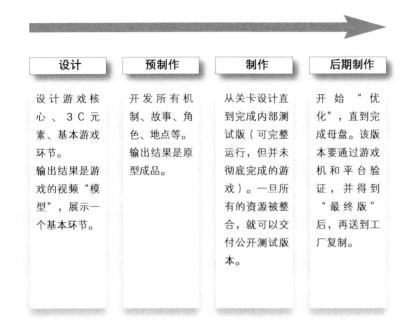

设计	预制作	制作	后期制作
设计游戏核心、3C元素、基本游戏环节。 输出结果是游戏的视频"模型"，展示一个基本环节。	开发所有机制、故事、角色、地点等。 输出结果是原型成品。	从关卡设计直到完成内部测试版（可完整运行，但并未彻底完成的游戏）。一旦所有的资源被整合，就可以交付公开测试版本。	开始"优化"，直到完成母盘。该版本要通过游戏机和平台验证，并得到"最终版"后，再送到工厂复制。

图 5.1　游戏设计制作流程

哪怕还有漏洞或缺少某些次要资源，只要游戏整体可以运行，就能进入后期制作阶段。在调试之前，游戏会经受测试和修改，最大程度地排除设计漏洞、提高质量。

游戏最终要经过验证（许可），要么通过发行、运行该款游戏的游戏机来验证，要么通过微软平台验证，以便在 Windows 系统上运行。之后，就可以将母盘（原始记录）送到工厂复制、生产、装盒并送到商店销售。

关卡设计阶段位于在预制作后期和正式制作初期，包括关卡模型的设计和制作；该模型之后再经过程序设计，并由美工进行修饰。

可见，关卡设计是设计工作的最后一个环节，将设计收尾、转换成切实的资源，将理论划分辅助实践或以 3D 形式实现。

B. 理性设计流程

理性关卡设计（rational level design）是游戏设计中存在多年的一种方法：从可玩性组件出发考虑关卡设计，通过已有的结构化方法来把握关卡创作。

游戏关卡设计始于游戏设计之初，离不开漫长的创作过程。前述所有工具都可以用来创造游戏机制、确定总体结构——这也是游戏设计的微观和宏观层面。游戏机制包括角色技能、奖赏机制、具有已知行为的敌人、地形障碍，等等。所有这些就像一个个音符，而游戏关卡将谱写出把音符串在一起的乐谱。

如果把可玩性组件比作词语，游戏场景就是句子。一个词的价值难以衡量，而一个句子的价值却是可以衡量的：可玩性组件能够带来游戏难度和潜在的乐趣；组件的结合便产生了游戏场景，而场景的质量，即难度、速度、乐趣等元素是可以被衡量的。

因此，通过这种方法可以衡量每个关卡中的每一项"原子"细节，测试、控制关卡的相互连接，从而打造出既有乐趣，也能承载情感、饱含意义的关卡。

理性关卡设计方法有几种变体，有的方法会通过方程式和复杂的数学计算来评估关卡中每个位置的质量。而我更喜欢对组件和场景进行剥离分析，然后以更加合乎人情的方式定性评价。

C. 微观设计

微观设计方法可以创作游戏关卡中每时每刻的细节，这一设计流程也是从可玩性组件这一基本单位出发，逐步构建更重要的游戏元素。

因此，可玩性组件是该方法的基本单位和起点。可玩性组件可单独用来制作游戏场景，所以可被量化。于是，我们就能对组件进行测试，判断它是否容易、是否有趣。可玩性组件是由游戏设计者与其他专业开发团队不断以迭接方式创作完成的，是游戏项目设计思考的结果。

游戏场景则是可玩性组件的结合，它可以包含大量组件。然而，游戏场景包含的组件越多，就越有可能因难度太高而令游戏乐趣减少，需要找到适当的平衡。每个人都能创作游戏场景，开发团队的任何成员都可以为游戏场景提供思路。头脑风暴是最好的办法，可以尽可能多地收获创意，激励团队创新。不妨采用"多入口"的方式，试着从整体审视所有包含两三个组件的结合方式。对于包含更多组件的情况，恐怕无法采用这种方式，因为可能性有点过多了。

一旦创造出尽可能多的游戏场景，我们就可以对其进行评估了。为此，必须首先确定需要评价的参数。微观可玩性设计明确了与场景特点相关的具体参数，其中必不可少的参数是难度和乐趣。想要进行正确的评估，应当避免使用复杂的度量方式。采用五分制，甚至三分制就足够了。你可以邀请游戏设计师、关卡设计师和其他专业人士同时召开评估会议，请他们对每一个游戏场景打分，然后统计平均分。若有可能，直接邀请目标玩家参加评估。这样一来，便能更有效地了解各种可行性。

下一步，需要对场景进行挑选，仅保留其中最好的选择。若场景数量还不够，就再进行新一轮头脑风暴和评估。绝不要勉强保留质量欠佳的场景。

完成挑选后，需要将场景分类。类别通常由玩家在该场景中使用的能力来决定。比如对于平台游戏来说，场景包括"两跳""滑翔"等。

最后，我们得到了按类别整理好的游戏场景，以及每个场景特性的得分。从这里开始，我们将通过宏观设计来组织关卡的整体分配和场景的分布。

D. 宏观设计

宏观设计的目标是制作关卡框架。为此，设计者必须明确关卡在整个游戏中的位置。

在此之前，设计者应当已经设定了整个游戏的难度和情感曲线。把游戏结构与所要激发的情感的曲线发展相结合，就形成了关卡的框架。设计者与剧情创作团队一同完成了叙事及其节奏的设计，其成果就是情感曲线。例如，设计者想让玩家在第五关体验濒死的感觉，这一关就必须设计得非常难，情感曲线以渐强的方式发展，并最终达到顶点。因此，设计者必须了解游戏每个关卡的情感特性、性质和强度。

游戏策划组长，即游戏的主要设计者，还要确定如何通过游戏，也就是说用难度、强度、速度、压力等元素体现出各种情绪。

设计者不仅对整个游戏有了清晰的看法，同样也可以用整体视角来审视每个关卡，从考虑游戏进展、强度、各项参数、激发的情绪等限制因素开始，对每个层级的关卡进行设计。

现在，请你将各种可玩性组件和游戏场景结合到自己的游戏设计方案中吧。通过宏观关卡设计，关卡就有了框架，设计者只需在框架中加入乐趣"原料"，并根据自己确定的方式来组织微观节奏即可。

第二部分

专业制作流程

第6章

创意设计：
创意的筛选和确认

A. 挖掘创意

前面讲到的工具可以通过定义表征元素来确定、掌控、开展创作。然而，最初想法的涌现却源自另一种工作流程，不要求掌握任何工具。

想法来自人们日常吸收的内容，是人们每天大量接触电影、游戏、漫画、小说和电视剧的一种必然反馈。人们的个性就像是反射表面，以更加丰富的形式，如场景、可玩性、图画等，将想法反映出来。

创作过程中遇到的问题都有相应的创作方法来解决。创作方法规定了一个框架，即一系列约束和规则。其目的并非帮助规划和制定初始创意、游戏主旨与核心，而是提供已知问题的应对办法。任何创作方法都不能直接为你提供创意或是独特、高质量的可玩性设计。因此，明确创作意图，并通过切实可行的游戏主旨来构建一个

"观点"，将是一项复杂的工作，我们往往很难掌控其中的每一个环节。目前有三种激发初始创意的方式。

第一种方法是从日常生活吸收文化内容。艺术创作者一心从事自己职业，仿佛别无选择，因为他们需要表达自我，对有所感触的事物总是有话要说。想要有创意，首先要有参考，这就像是创造力的食物和燃料。

其次，创作不应该单独行事，而应该经常与其他领域的创作者会面和交谈，就各自的想法和技能相互交流。这是迭代法的基础，也是进一步丰富创意的基础。在与别人交谈和交流中，我们才能丰富自我、创造新事物，从而创造新价值。

最后一种方式在我看来最为有效，但也最为困难，即观察周围。如果没有时间吸收文化内容、尝试虚构体验，那就只需专注于自己的生活，观察生活中发生的事情即可——每个元素、每个事件、每个人，都能成为游戏虚构的初始素材。

B. 组建团队

我认为在理想情况下，当今的顶级游戏设计师都是那些同时掌握游戏和叙事（剧情与表演）的人，因为我们谈论的是电子游戏，一种透过屏幕里的虚构世界实现的娱乐活动。单纯的美术设计师若不能掌握游戏可玩性，那又有什么意义？游戏机制的设计者若不懂如何虚构故事和设计表现方式，也称不上是优秀的设计者。

显然，完美的设计者并不存在，所以应该将设计任务委托给拥有不同才能和专业的人。比如，程序员通常能提出令人惊讶的创造性建议——意想不到，但总是富有趣味性，因为他们拥有丰富而难以预见的观点。因此，从技术、剧本、美术、音效、动画到必不可少的可玩性，聚集各个核心业务的人才十分必要。最好的办法是，让一个兼具游戏设计和导演才能的人来领导核心创作团队。

让所有成员在同一个地方一起工作，随时分享想法，这一点很重要。当人们因各种实际原因而不得已分开工作时，若有可能，应该定期安排例会，大家轮流发言，让每个人都讲出自己的想法和目前的创作内容和进度。之后，在实际设计中，会有一个更完整的团队进一步开发和丰富在此阶段完成的创作。

C. 创意的表达

表达自己的想法是设计工作的必要条件。正如我刚刚讲到的，设计工作不是一个人单独完成的，定期与所有创意合作者进行沟通，是必不可少的条件。保持团队的良好关系是沟通的首要基础——团队精神最重要。每个成员都有责任确保团队合作达到最佳状态，而不只是单纯地提供一些想法，简单地进行一些创作。

我在此跳过团队管理问题——尽管这也是创作的关键，但我们可以看看创作团队可以使用哪些沟通工具。

1▉ 情绪板

情绪板（mood-board）[1]能将感觉和想法具体化，最大的优点是

---

[1] 也就是"情绪的看板"，时尚设计、风景设计、网页设计等众多创意产业中经常使用，通过收集一组参考元素，如图像、视频、颜色、字体、对象等，来表达作品的基调和氛围。

能将这二者简单、直接地传达出来。为了帮助确定情感并加以表达，一个工具既简单又高效：用短视频剪辑展现参考元素。

人类大脑无论自觉与否，都会自然而然地利用参考元素进行思考，所以一定要大胆借鉴参考。创作从来不会凭空而来：它只是一种新的混合，一种新的感觉过滤器，以一种新的方式将情感和元素相结合。

所以，如果想要表达一种情感，可以去电影、图片、音乐中寻找。我建议，尽可能少地使用文字；尝试制作一段一两分钟的视频，用来表达主要内容。制作视频的最终目的是展现一段预告片，一段引人注目的视频作品，而这都需要通过搜索和剪辑来实现。

情绪板必须包含所要传递的核心内容，以及以其他方式无法表达的感觉和情感，因此必须包括：

➡ 主旨及其观点（你将采用何种方式处理主旨）；

➡ 三种主要的情感（见第 2 章）。

如果可以的话，理想情况是在预告片结尾用大概 15 秒来呈现作者对可玩性的构思。可以使用其他游戏的视频剪辑，尝试展示游戏设计意图，即主旨、观点和三种情感将如何在游戏中实现。

2▥ 设计文档问题

我们需要做一份文档吗？这是游戏创作专业领域中持续多年的一个论题。我常听人说："为什么要做设计文档？又没人看……"这几十页的文件往往确实很少被团队拿来阅读。为什么会这样呢？原因大致有几个：

➡ 篇幅太长；

> ➡ 内容通常很混乱；

> ➡ 无法形成相应的专业技术规范；

> ➡ 设计师缺乏良好的写作习惯；

> ➡ 文中的创意和想法描述不清。

文档的主要问题是长度过长，而且没有提供预期的答案。一直以来，设计文档的命运就是被束之高阁。然而，设计文档对创作电子游戏来说至关重要。有人见过没有剧本、没有故事版、没有技术统筹就去拍电影的吗？人们不也常讲，光说不算，只有白纸黑字写下来才靠得住吗？

游戏设计也需要文档，但必须与创作阶段相适应。有关电子游戏文档的争议暴露了两种程序开发方式之间的持续对立，即所谓的"瀑布式"开发（Waterfall）和敏捷开发（Scrum）。

"瀑布式"开发主张在制作过程之前深入分析项目。所有可能性都被记录在庞大的规范文档中，提交给客户；客户可以提出修改意见。一旦通过客户审核，技术规范就成为开发制作的参考标准。其具体结果仅在开发结束时才可见。这种方法在大约30年前被用于计算机科学中。

敏捷开发的到来令"瀑布式"开发受到质疑。敏捷开发原则基于迭代的概念。开发团队制定一些中短期目标，并予以实现。这会带来新想法或不可预知的问题。在一个较短的开发周期——冲刺周期（sprint）结束时，再进行一次总结评估，提出新的目标。这种工作流程可以根据遇到的问题和出现的新想法不断调整工作方向。参考文档就是待办任务列表（backlog），可以追踪开发过程的一切进展。

20年前，电子游戏创作团队开始使用"瀑布式"开发。程序员在学校里也都是按这种方法接受培训的。之后，编辑者发现初始想法与最终结果之间存在差距，无论内部开发团队还是外部开发团队，都无法在开发过程中充分干预。随着接受敏捷开发教育的新一代程序员的到来，这一新理念开始出现在游戏设计工作室中，重新引起了人们对文档本身的关注。

两种方法都尝试过之后，我发现了两者各自的优势和问题——真相总在细微之处。我从自己的经验中总结出了三大规则。

- 游戏制作必须要快，不必等到预制作彻底结束。构思游戏可玩性不能带来实际的感受，要通过至少是部分的测试，才能检测游戏的优点和弱点。制作必须以最快、最完全、最常见的方式进行。敏捷开发就具有这个优点。

- 游戏体验需要大量的创作工作，要找到好想法——随之而来也会有很多"坏想法"——和可靠的结构。要对创作过程加以记录，因为思考过于复杂，我们无法将所有细节都记在脑子里。在这种情况下，文档是一种宝贵的工具，用于记录所有想法，有助于创意的整合与组织。

- 在最初的创作阶段，设计者们经常觉得他们相互理解、志同道合。但往往几天后，他们才意识到彼此之间有误解。记录是达成协议的最佳方式。即使每位读者对文档都有不同的理解，也应该以此作为展示和分享的支持材料，以消除歧义。插入图表也是令文档内容更加明确的一种方式。

以上三个规则是文档问题的要点。运用这些规则有助于制作与各工作阶段相适应的文档。在开始制作游戏之前，花在艺术创作和设计上的时间都不是白费的。在这个阶段，需要编写轻量级文档，可以通过概念列表、图档演示（PowerPoint）、草图或参考资料来实现。一旦确定了游戏核心和整体架构，就要开始制作游戏原型。原型是游戏核心的质量保证，保证艺术创作能够继续下去。

迭代法指的是在设计与制作原型之间反复。随着设计而后是预制作的开展，设计工作会深入更多的细节里。必须不断通过"微原型"尽可能保证内容的质量，并确定游戏所有元素的细节。这时就体现出了文档的必要性：它既是记录，也是技术规范。一旦确定游戏的所有内容，原型经过测试和验证，大规模制作就可以开始了。

3▧ 原型的必要性

前面说过，仅在想象中构思游戏可玩性是不可能保证质量的。当然，设计者必须首先在脑海中设想可玩性，但确保其有效性的唯一方法是将其实现，并进行测试。对游戏的预期构想仅停留在思想层面，但只有实现游戏才能真正地感受，这才是游戏体验的关键。

原型的重要作用就是能帮助我们对游戏蕴含的乐趣潜能加以判断。但这并不意味着必须完成全部或部分游戏制作工作才能开始测试。

◈ 原型的两个首要功能

首先，原型能测试想象中的功能，判断它们是否成功。这些功能确实能带来乐趣吗？我们是否能感受到它们产生的乐趣，即使快感可能被原型的缺陷掩盖？一般来说，假如从一开始就没有体会到游戏的乐趣，这将是非常糟糕的迹象。这时，继续修改 3C 等次要元素也没有任何意义了。在这种情况下，主要是游戏原理的核心不起作用。通过测试，设计者可以根据乐趣潜能来落实或质疑设计思路。因此，我们在测试时要抱着客观态度，要敢于承认设计的失败之处。这是一个二元法则，要么能感受到乐趣，要么不能，没有第三种选项。为了确保结果准确，可以让其他人参与测试原型。五个测试人员足以给出一个可靠的判断。

然后，原型还能用来发现新的想法。事实上，设计者并不能把握所有好想法。如果用测试激发新想法，此时，新想法就以具体感觉为基础，成功的可能性更大——这也是迭代法的优势。如果找到新想法，那就应该把它们添加到原型中进行测试。当不再出现有趣的好想法，而且已排除了坏想法之后，才可以进入下一个阶段。

◆ 原型的两个次要功能

所谓次要功能，是因为它们对游戏本身不会产生影响。但次要功能的重要性在于社会性功能，也值得强调。

原型是"展示"和"尝试"的途径。原型能够传达想法和感觉，且不产生误解。这种方式将游戏未来的样貌呈现给整个团队和所有参与游戏制作的人，而不要求他们事先对设计进行干预。原型还能让更偏重商业思维的人——无论是客户还是上层决策者——对游戏加以理解。

原型的第二个社会性功能在于"说服"和"引诱"。这个功能是前一个功能的自然延续，但有其自身的作用。不同团队通过原型了解游戏，也了解到各自所要做的工作。随着他们被引导和说服，其主动性也会越来越强。各团队了解并提出自己要做什么，找到解决方案，更自主地对创作和提高品质做出贡献。

◇ **明确风险**

应该给什么内容制作原型？这个问题与风险相关，我们应当优先考虑项目中有风险的要素。基于这一原则，可玩性显然是必须被测的项目，但其他方面也需要测试。根据项目不同，形式或技术要素属于需要测试的潜在风险类别。

然而，这更像是制作管理。设计师必须首先测试游戏核心，它对应着玩家 95% 的游戏时间。游戏核心也应该是乐趣的核心，一种准算法的源泉，游戏组件和场景由此产生。

不要忽视 3C 要素：一定要考虑视角、角色和控制。三个要素的展开不必太过复杂，但也不应被遗忘，否则可能会破坏游戏感觉之间的关联性；也用不着处理视角的复杂细节，关注一般情况就足够了。

◇ **原型的渐进方法**

我建议用渐进的方法实现原型，即用若干类原型，逐渐接近最终的游戏。无论如何，开发过程总会采用循序渐进的方式。重要的是了解、运用原型，甚至改进、利用原型，确保游戏的质量。原型有着多种可能性，从模型到真实的样品原型，从简单、快速、便宜的到复杂、耗时、造价昂贵的原型。

参照也算是一种原型，这相当于在已有作品中寻找与设计预期类似的感受。但这只是第一步，因为通常很难确切了解参照内容的作者真正想要表达的主旨。

利用乐高、摩比世界（Playmobil）等玩偶和积木组合出真实、可交互的示意场景，这也是模拟游戏现实场景的好办法。我们可以简单地移动主要人物、敌人或障碍物，同时看到并传达所想象的内容。要知道，制作原型对两类人群都有帮助：一是设计方，他们需要表达自己想象的内容；一是接受方，他们不直接参与设计，但需要了解设计预期，从而评估、销售、购买游戏。用儿童玩具搭建实景模型时，还可以用摄影机和照相机拍摄"真实"的模拟场景，采取与游戏视角相匹配的视角来模拟拍摄。

如果设计项目并非动作游戏，则可以使用其他模型。如棋盘、纸张、硬纸板和各种经典模型元素，都能帮我们搭建所需的模型。

最后，如果有可能，可以做一个能在电脑上运行的原型游戏。这需要一个游戏引擎，也需要程序员的介入。如果你已经拥有相应的技术，最好能在设计的目标机器上实现原型；否则，可以使用个人计算机上的免费游戏引擎轻松构建模型，免费软件或共享软件（完全免费、可部分使用或限时使用）包括 Ogre、Torque 或 Unreal 等。先不要在图像设计上费太多心，这会浪费很多时间，当然，以视觉效果为游戏重要组成的情况除外。可以先用方块代表角色，制作"扁平"的 3D 世界，即无需纹理或复杂建模。把握游戏核心和 3C 要素已经是相当繁重的任务了，我们需要聚焦最基本的元素。

本意上的原型的最复杂版本能够显示完成建模和动画之后的角色，并带有指示和反馈。游戏氛围尚不存在，背景仍然是扁平的。最复杂原型旨在最终验证游戏可玩性。以这一模型为基础，可以实现模型的整体关卡设计，也就是说，只包含背景环境中的可玩性。这样就可以在图像设计之前对关卡进行测试。

原型在第三阶段呈现出一个最终版本游戏的片段，包含图像、声音、音乐等各种效果。它可以使玩家沉浸在游戏氛围中，并提供所有必要的指示和反馈。这一原型通常被称为最初可玩原型（First Playable Prototype，简称 FPP）。

D. 不宜操之过急

我们先要有清晰的思路，不用急着开始制作原型。如果制作原型是必不可少的步骤，就更不用操之过急了。有些人常常缺乏耐心，仅以具体表现来衡量工作进展。当你还不知道要做什么的时候，最好不要急于开始。这个道理既适用于原型制作，也适用于游戏制作本身。

从一开始就对所有可能性进行原型验证是没有好处的。你必须学会耐心等待游戏核心的出现，等待游戏核心能提供的所有潜力和可能性开始独立成型。在期盼首个理论上的游戏核心出现的同时，你可以着手开展原型制作的准备工作，比如分离必要的技术、从技术角度考察市场竞争，等等。

电子游戏仍是一个以内容和创意为核心的产业。即便不希望设计者花太多时间，也必须让他们有充足时间进行设计和创意。我经常遇到一个问题：市场和营销部门充分理解电子游戏开发者的难处，但因为紧急的生产需求或合约的压力，只留出短短几天时间来思考、创作游戏概念。这么做是否正确呢？为了等待圣诞节的销售数据，而让整个创作延迟几个月开始，结果留给创作的时间也减少了，这样做就合理了吗？

当然，我们必须等待这些关键数据。但是，难道没有更好的方法组织、安排流程吗？就算签订合同是启动一切工作的基础，但是否可以尽量保留充分的创作时间呢？传统玩具产业就知道如何做到这一点：玩具厂提前约两年开始计划，确保创作时间，有更多机会生产优质产品。各种各样的阻碍在电子游戏创作中屡见不鲜。

第 7 章

预制作：设计的后半部分

◈ 设计的目的是定义游戏的基础，同时构成核心和框架的所有内容。

◈ 预制作以设计为指导，其任务是确定构成游戏的所有细节。因此，预制作是设计的后半部分。同样，预制作也会涉及制定技术规范。

A. 团队协作

预制作的难点在于，这一阶段需要比设计阶段更多的人员参与。设计只需不到十人就足够了，而预制作则需要两三倍甚至更多的人员。核心团队应当在同一地点工作，保证随时沟通。当团队人数达到三十多人时，效率就难以保证了。此时，在倡导团队概念的同时，还需建立起沟通渠道。

◈ **预制作的作用是什么？**

答案很简单：界定项目的工作内容。这不仅仅要掌握游戏的内容、品质和整体呈现，还要划定、评估、构建游戏制作的方法。因此，我们要探讨技术可能性、游戏引擎和特殊技术，比如处理重力和动力相互作用的物理机制、人工智能引擎，等等。我们还将提出一些基准（benchmark），即绩效衡量标准、竞争对手，以及其他领域中可复制、借鉴的实践方法。在游戏预设的环境中，要使用哪类光线、多少纹理、多少个面？在开始制作之前要准备、设计和制造什么样的计算机工具？

而另一方面，如果缺少必要的专家，那么人力资源部门和制作团队等相关方将对最终内容产生决定性的影响。在预制作完成时，游戏内容在定性、定量和成本方面都要经过确定和评估，这样就可以确定技术、人力和资金方面的需求。因此，预制作涉及整个行业的方方面面，这不仅是将内容详细展开，也是寻找资源和相应可能性之间的平衡。

◈ **沟通流程**

预制作的矛盾在于，我们要让所有专业领域协同合作，但每个专业领域对其他领域知之甚少。解决问题的秘诀绝非针对不同工种进行全面培训，尽管这种方法也是可取的。目前，仍然难以提供足够全面且耗时少的培训方法让所有专业人士学习其他领域的必备知识，这只能作为可选项，取决于个人意愿。各个领域之间相互熟悉，会随着日常交流自然开展。在现实中，最好的方法是基于以下两条重要规则。

第一，必须尽可能让不同专业领域的人员针对相同主题开展工作，不要按传统分工将大家隔离。图形设计师和编程人员应该一起对"敌方"角色的设计提出建议，或是从人物的图形创作出发，或是从人工智能和人物行为设计出发。大家一起确定共同从事的内容主题，如关卡结构、角色装备等。这样一来，创作会变得自由，每个人都可以表达自己的想法，每个人都饱有积极性。

第二，一旦选定了主题并明确了想法，不要试图做过多的文档记录工作，只要有能够用来交流想法的笔记或草图就够了。无论是创建文档、调研还是制作，在没有和团队其他成员讨论之前，任何人都不要急于行事。

对于每个主题，该过程包括三个步骤：

➡ **发现想法**；

➡ **展示想法**：评估、回馈、质疑、充实；

➡ **实现想法**：呈现想法，制定技术规范。

在上述两条工作规则的帮助下，创作由不同小组共同承担，保证持续地交流、流程的迭代——只要第二步提出新的迭代需求，就能回到第一步，即使通常时间或资金上的限制可能要求流程必须进入第三步。

B. 大规模制作的准备

预制作本意指的就是"制作的准备阶段"。所以，这就是为保证制作阶段能按计划开始而进行的组织和准备工作。为此，我们必须考虑排除风险和技术规范这两个目标。

◈ **排除风险**

一旦我们在设计阶段利用早期原型排除了可玩性可能引起的质量和可行性方面的初级风险，接下来就要消除所有次级风险。所谓"次级"风险并不是说它们没有初级风险重要，而只是说，我们仅在第二阶段处理它们。

风险涉及项目的所有领域，不仅限于内容、可行性和质量。次级风险通常以成本和时间安排为主，比如当我们不具备充足的时间和人力时，就不要预设过多的游戏关卡或角色，也不要执意为游戏中的所有角色制作数百个动画。

一切不受控制的事情都必须得以控制，一切风险都必须消除。分析、评估和原型是预制作阶段的主要工具。

◈ **技术规范**

之后就要制定技术规范，包括需要制作的要素列表、要素制作方法并将其整合入游戏的方法、制作工具、工作具体安排，等等。制作电子游戏变得像拍摄电影一样复杂，或许更复杂，因为游戏制作持续的时间更长。

◈ **预制作时间**

预制作时间显然取决于分配给项目的资源。一般而言，参考基准是"设计 – 预制作"时间和制作时间要均等分配。也就是说，两个阶段要预留大致等同的时间，例如，针对 10 个月的制作期，就要再预计 10 个月的设计 – 预制作期。

由于设计期略短于预制作期，因而可以按设计时间的 1.5 倍来估计预制作时间。就上面的例子来说，针对 10 个月的制作期，就有 4

个月的设计期和 6 个月的预制作期（图 7.1）。

图 7.1　设计阶段和制作阶段的时间比例

第 8 章

游戏制作的"重型武器"

一旦有了清晰、明确的想法，游戏制作就可以开始了。在理想情况下，只要实现了最终的原型，就能验证和确保游戏体验核心的质量。这个最终的原型就是最初可玩原型，即游戏的一个完整截面或"纵切片"。随后只剩下开发构建游戏剧情的各种场景变化。

此后就进入关卡设计阶段。在现实中，在时间和预算的约束下，关卡设计往往在获得可玩原型之前就已经开始。所以，关卡设计对应着介于预制作与制作之间的某一阶段，而在理想情况下，它应该是制作阶段开始的标志。

◈ 制作的主要阶段

第一阶段是游戏制作本身。设计和开发关卡的可玩性、拓扑、内容等，编程实现各个功能，制作必要的资源，直到获得内部测试版本（Alpha）。这个版本的诞生是游戏调试阶段开始的标志，它必须包含游戏的所有关卡，而且保证关卡都能运行。

第二阶段是游戏的完整开发，这也是制作过程的核心，以交付公开测试版本（Beta）结束。所有功能必须百分之百地集成完毕，并确保能运行。游戏全部是完成版本，包括菜单。公开测试版本的品质要求必须达到最终产品的标准。数据将被冻结，以便开展调试工作。实际上，只要有一点点新数据加入，调试工作就必须重新开始，这往往会带来技术上的不稳定。因此，公开测试版本标志着"不再添加任何新数据"，以固化游戏内容为目标，从而进行有效调试。

最后一个阶段是"润色"阶段，为了避免扰乱编程团队的调试工作，在不触及数据的前提下提高游戏品质。由于程序整体大小和内存分配都不能改变，第三阶段工作只能改变怪物或障碍物的位置、调整生命值或损伤值数量，等等。在此期间，只允许更改参数值。该阶段的目标是将游戏的最终品质再提高几分，努力跨越一个重要的心理门槛，这个门槛对销售额有着实际影响。润色期以交付最终测试版本（Master）为结束；经过进一步测试和批准之后，推出正式版本（Golden master），进入工厂被复制。在润色期间，游戏通过预先认证测试，特别是年龄分级测试 ①，根据不同销售审查和年龄分级制度进行评估。

◈ 产业化制作

如今，游戏制作需要数十人甚至超过百人参与，整个团队由制作体系中若干个并行小团队"叠加"而成。这样的产业化体系能"复制"更多小团队并将其叠加，从而提高产出，缩短产品制作周期。例如，我们可以为游戏中的每个图像环境投入一个团队。根据所需环境总数，小团队数量可以按游戏图像设计的预算增加或减少。

---

① 年龄分级体系（age rating），欧洲设有泛欧洲游戏信息体系评分体系（Pan European Game Information），美国设有娱乐软件分级委员会（Entertainment Software Rating Board）给予许可。

这样做的原因有几个。一方面,游戏制作大约占据完整开发所需时间的一半,有时更少一些。游戏的开发时间越长,制作阶段时间占比就越小。因此,如果开发需要 24 个月,制作时间约是 10 个月左右,而设计和预制作对应着 14 个月的工作。另一方面,制作阶段所需人员数量大约是设计阶段的 5 倍,而仅是预制作阶段的 2.5 倍。

最后,只有制作阶段的前半部分需要所有团队参与。一旦得到 Beta 版,就可以交由最终调试和润色团队;而这部分工作占总制作时间的一半左右,不需要之前那么多人员。因此,整体人力资源需求集中在制作的第一部分,该阶段占游戏总开发时间的 20%~25%。

集中制作阶段的技术规范是在预制作阶段建立起来的:工作量已经确定,只要配备所需人力,保证在分配时间内完成交付。这时,多个团队可以并行工作,而在设计阶段只需一个创作团队即可。因此,这也是游戏制作过程中最灵活的阶段,可以随人力状况延长或减少时间。

◈ **质量保证**

一个毫无争议的简单机制确保了质量——最终客户测试机制。今天,所有高品质游戏都会直接采用消费者抽样测试。通过分析消费者行为,我们能找出问题、误解、困难,由此得出修改需求,再交由制作团队解决。为了真正有效地让游戏变得更好玩,这些测试必须提供两类信息。

第一类是客观信息。确认玩家是否理解了游戏的要求,并确保他们能够完成游戏提出的操作。理解游戏界面和任务描述,验证人体工程学设计的成败,都要通过客观研究完成,研究的可能结果符合简单的二进制体系：是否能理解，是否能完成。

第二类是完全主观的信息，测试规则能将其完全抽离出来。这类信息展现了玩家是否觉得游戏有趣，游戏体验是否符合他们的想象，他们是否玩得开心。

测试通常采用访问形式，被试者必须说出自己觉得有趣的地方，游戏是不是太难，获得的奖赏是不是足够，是否还想再玩，等等。对于这些信息，我建议项目的创作团队——至少是创意总监或游戏制作人，应该亲临测试现场或观看录像。凭借这样的现场经历，我才知道玩家表达兴趣的方式如此微妙，甚至无法通过客观的衡量标准来表达，更不要说记录下来了。直接看到玩家的反馈——兴致勃勃或兴致不高——是了解、感受、捕捉游戏乐趣信息的最佳方式。向创作团队展示玩家的实际反应也是迫使他们面对现实、超越自己的好办法，因为创作团队的固有想法和信念往往不符合最终的玩家体验：当设计者意识到自己采用的华丽字体并不被大多数玩家看好的时候，他才能明白有时需要牺牲一些唯美主义装饰。

这种测试从 Alpha 版本就开始了，它能揭示一些最原初的通常也是最结构性的问题。测试会一直持续到 Beta 版本，涉及汇集到游戏中的每个新元素。

有时，在预制作设计刚结束时就进行"焦点测试"或原型测试。根据目标人群，重新调整品质或整体基调的设计路线。

这是整个行业通行的方法，但又存在一个重要的例外。人们对一句箴言耳熟能详，但奇怪的是，没人能真正效仿，尽管该方法一贯成效斐然。这就是以卓越游戏质量而闻名的暴雪公司提出的深层理念"When it's done"——习惯说法应该是"Done when it's done"，即"该完成的时候就完成了"。这条箴言意味着，只有从创作者角度认为游戏完成了，也就是说达到了完美水平（已从品质上升到完美！），游戏才能上市。

达到这个目标的秘诀很简单，就是迭代和分层。在大多数公司里，在 Alpha 版本和 Beta 版本之间的制作、测试、评估、更改过程仅进行一次；相反，在暴雪公司这些过程被多次重复，如果有必要，还可以质疑游戏的结构元素，一直回溯到预制作阶段，甚至更早阶段。经过如此之多的工作层次，必然能获得高质量的游戏。暴雪公司的销售记录不断刷新，几乎所有产品都能取得全球性成功，其游戏质量是关键的成功因素。

第 9 章
好莱坞式的设计与创作

　　我在电子游戏领域从业 25 年，见证了这个行业的变化：从最早只有两三个人，甚至一人独当一面的游戏工作室，到如今众多的上市公司。如今，一个拥有顶尖品质的 AAA 级游戏需要数百万乃至上千万欧元的投资。现在，电子游戏产业的收入超过了电影业和音乐业，游戏知识产权和版权也漫延到其他媒介。简而言之，电子游戏制作已经完全成为一个独立的传媒行业，丝毫不逊色于其他兄弟行业。

　　为了适应这一年轻产业的不断进步和发展，游戏的设计和制作方法也随之改变。为了让流程变得更灵活，为了降低风险，游戏业将越来越多地借鉴电影的创作及制作流程。事实上，电子游戏和电影一样都属于集体创作领域。在第七类艺术——电影中，"作者"通常是编剧和导演，而演员、灯光师和摄像师等其他专业人员虽然不可或缺，却并未获得同等的认可。人们仍在探索如何定义电子游戏的作者，至今未有定论，但我们不妨一猜：若按照电影制作模式，游戏的导演和编剧就被公认为主要作者，因为玩家的游戏体验要由他们来决定和塑造，而其他专业人员对游戏体验的贡献大多作用于形式，而非实质。

　　游戏与电影的最大区别在于互动方式和乐趣。因此，游戏编剧

的地位将被替换，或者至少被削弱，从而为游戏设计师留下更大的
发挥空间来设计、制作游戏，并制定游戏的规则与机制。这才是玩
家游戏体验的大部分内容，这也是游戏创作的本质。

今天谈起电影业，这些概念似乎显而易见，然而一开始却并非
如此。让我们回想一下电影作者概念的变化历程：

- 1930 ～ 1960：**黄金时代**。电影走向产业化，制作基于既定方
  法，从编剧、选角、拍摄到对电影发行和上映的最终版本的
  剪辑，电影制作工作室对内容完全掌控。

- 1960 ～ 1980：**新好莱坞时期**。集编剧、拍摄、剪辑于一身的
  创作型导演出现。

- 1980 年以来：**大片时代**。观众的兴趣减弱、连续的商业失败
  导致创作型导演时代终结，工作室重获大权。只有最大牌的
  导演才有能力通过创立自己的制作公司兼顾创作和制作，如
  斯皮尔伯格和弗朗西斯·福特·科波拉等人。

电影的工作流程分为写作、准备、拍摄、后期制作四个阶段。
掌握原创著作权的大型工作室分配各个任务，比如委托编剧写作或
直接购买剧本。

于是出现了图 9.1 描述的工作流程。

图 9.1　好莱坞电影创作流程

然而，游戏的创作任务分配更具流线性。项目创作者从设计阶段开始参与，直到项目彻底结束——至少也要坚持到润色阶段（图 9.2）。

图 9.2　当今的电子游戏开发流程

游戏创作的指导者是"游戏总监"，通常由一个人担当。当然，他也需要依赖一个管理团队，包括游戏设计负责人、编剧、艺术总监等。游戏总监应该掌握全局思路，并在整个游戏创作和开发的过程中推动实施进程。这种模式存在诸多风险。

🔁 游戏总监可能不顾测试结果和焦点，选取错误的创作方向。

🔁 游戏总监和任何人一样都会生病，无法跟进项目。

🔁 一个人身上很难具备所有必要技能。从设计直到最终制作，游戏总监必须始终予以指导，既要参与内容创作，又要进行管理工作，做到各项全能。

🔁 如果游戏总监，如同游戏设计师、编剧等其他创作人员一样，被公认为作品的主要作者之一，他很可能会与雇用自己的游戏开发和发行公司之间的发生利益冲突。

为了消除这些风险，让团队招募更加灵活，只需根据制作阶段来划分责任。在这种情况下，游戏的全局思路不取决于总监一人，而是依赖工作室和制作团队。大家通过客观方法和个人才能，保证每部作品思路的连续性。

　　于是，在每个工作阶段都有其核心团队。设计总监与制作总监拥有不同的才能。经过职责划分和分配，风险降低了，让每个人的专业技能得以发挥。我们不再需要全能的游戏总监，人员招聘也更加容易了。

　　最后的润色阶段，即完成阶段，也可以由专门人员负责，从而带来新的、客观的审视角度，就像电影剪辑工作被委托给专业的剪辑人员，而导演只负责影片拍摄。以分割来提升管理效率，这一工作原则并不新鲜，在游戏工作室和制作公司中早已喜闻乐见（图 9.3）。

图 9.3　未来的电子游戏开发流程

　　剧本写作交给具有极高创作能力的团队——创意团队来完成。然后，由工作室验证思路是否被正确理解，剧本是否符合创作意图。

　　准备工作，即艺术特征和文档的开发，由导演或专业团队负责——创意团队也扩大了——游戏导演不一定是游戏设计师。工作室则确保准备工作能体现出艺术意图，并对准备工作的质量和性质进行把控。

　　制作阶段对场景呈现、纯交互语言（指示和反馈）、控制、视角、氛围等加以实现。通过频繁的测试来保证制作质量。

　　针对游戏易用性、可玩性、视觉效果及音效的最终设置交由专业团队来完成。按照工作室确定的客观流程来控制游戏的最终质量，包括易用性和游戏的平衡性（game balancing），即游戏是否平衡地针对所有目标玩家。

上述流程具有以下几个优点：

- 游戏思路不再取决于一个人；
- 流程可分割，更易于控制；
- 团队招聘变得更简单，设计和制作阶段分开，从而将所需技能也分开了；
- 设计师不一定是管理者，
- 导演不需要具备设计才能；
- 对创作阶段精准把控，更好地控制了成本；
- 游戏设置取决于客观的测试方法。

然而，这种工作流程组织方式要求工作室具有相当复杂的组织架构，而且必须有以下特征：

- 有组织的创作团队要同时基于设计和制作；
- 流程的每个阶段都有确定的创作提纲，以网格式创作体系指导创作的每个阶段；
- 设计、制作、调整等各个阶段的负责人员都必须具有专业技能。

这种组织方式已多少付诸实践。但游戏业中还残留着过去的一些组织架构，让大多数机构无法顺利实施新方法。电影业和电视业的分工方式将很快成为范例，尽管针对游戏制作的限制条件仍需进行调整，但游戏创作与产业化之间能借此达到真正的平衡。只有更小、更具人性化的制作方式才能造就未来的"创作型游戏"。

第三部分

人人都是设计师

第 10 章
创作过程

A. 大众文化

电子游戏已经成为一种大众文化。有一则趣事道出了游戏在过去十年中的变化。

有一次，我在办理新的身份证件时接受问询，办事窗口的公务员询问我的职业，我回答："制作电子游戏。"她的第一反应漠然而坚定："哦，电子游戏……我一点儿也不懂，也不喜欢。"

一阵沉默之后，她问我："那您都制作了什么游戏？"

"我做了很多家庭游戏，基本上都是迪士尼出品的，比如《小熊维尼》和《彼得·潘》系列。"

"真的？！"

当我告诉她游戏的名字后，她告诉我她和孩子一起玩过我制作的三个游戏。这让我们看到，不喜欢电子游戏的人或许不会改变态度，但他们的行为却不符合自己对游戏的看法和固有的文化观念。

究竟发生了什么，让在 21 世纪初还不被看好的电子游戏业一跃成为主流娱乐产业呢？关键是，它如何蔚然成风，成了大众竞相追捧的日常消费品？我想，有三个主要因素可以揭示这一现象。

　　首先是互联网的爆发式发展。21 世纪刚过完第一个十年，互联网泡沫很快破灭，计算机产业一度坠入危机。然而，互联网的发展却是不可否认的。今天，我们正在见证马歇尔·麦克卢汉构想的地球村 [①]。网络已经民主化，几乎人人都能自主地根据自身需要使用互联网。网络既可以充当一台电视、一部电话，也可以作为图书馆和公共交流场所。大众在接受技术的同时，也开始接触一些简单的游戏，如《俄罗斯方块》。"免费"让这些游戏迅速、广泛地触及了所有互联网用户。男女老少，特别是孩子们，如同发现了一座娱乐宝藏，都能找到适合自己的电子游戏形式。

　　移动电话是电子游戏普及的第二个载体。手机上预装的游戏从最初的 2D 简单游戏变得越来越复杂。如今，从数独到角色扮演，手机上已经发展出完整的游戏系列。手机的大量普及让每个人都有机会接触到设备预装的小游戏，即便早期几代手机的性能和人体工学设计不尽如人意，也还总有一些易于上手的大众游戏。App Store 售卖游戏和应用程序，它的成功恰恰凸显了手机用户的心态变化——现在，他们愿意为游戏支付费用了。

　　最后，第三个因素来自电子游戏领域本身。任天堂通过推出DS 游戏机和 Wii 引爆了这个细分领域的消费现象，将之领向更大的舞台。这家日本制造商首先让 DS（双屏幕）瞄准儿童和女性用户，接着又通过 Wii 来彻底掀起潮流。任天堂的营销方式相对激进，以电视广告片展示全家人，尤其是老年人与年青一代一起玩游戏的场景，成功开拓了全新的消费者类型。从此，任天堂又以老年

---

① 参见马歇尔·麦克卢汉的《地球村的战争与和平》（*Guerre et paix dans le village planétaire*）。

人和女性作为目标群体。日本人口严重老龄化大概是其中一个原因。另一个原因或许是任天堂前两代游戏机在技术和市场方面已经不断落后。不过，水管工马里奥的创作者懂得如何发挥自己的核心技能——游戏设计能力、游戏趣味和对玩家的了解，以此赶超索尼和微软这类"技术派"。任天堂的游戏机并非配置最强，但它们为多人游戏而设计，以更受欢迎的全新娱乐形式引发了一场不可思议的革命。

如今，家用游戏机成了全家人的设备，不再专属于对技术狂热的极客们。几乎人人都在玩电子游戏，即使人们并未意识到这一点。今天的孩子们不再痴迷于看电影或看电视，而是更热衷于玩电子游戏。相应，电子游戏设计类学校也开始蓬勃发展，教学质量大多还不错。

除此之外，电子游戏的大众化带来另一个现象，那就是严肃游戏。游戏成为公关手段，用于企业内部或对外的沟通。

随着电子游戏的普及，我们看到了与大约二十年前视频所经历的演变十分相似的现象——"大众创作"的演变。尽管这个现象还处在初始阶段，但其征兆已经很明显。越来越多的个人以制作游戏为乐，这既是娱乐，也是自我表达。大众视频创作风潮得益于视频和影视技术的个人化，如家用摄像机的普及，尤其是个人计算机的剪辑和后期制作系统的发展。如今，用摄像机拍摄，甚至用摄像机自带后期制作软件剪辑、制作特效，再简单不过了。此外，大众视频创作还得特别得益于 YouTube 或 Dailymotion 等视频网站的广泛传播。

然而，电子游戏制作又是如何大众化的？我们能否自己制作游戏？制作之后又如何发行呢？

B. 自己制作游戏

人人都可以自己制作游戏吗？哪些人有能力做得到？需要哪些技能，运用哪些工具？需要获得特殊的知识吗？现今，人们可以利用多种技术方案创作游戏，并较快地予以实现。当然，这也许无法达到专业产品的质量和高度，但大家仍有可能创作出优良的游戏机制，甚至获得专业领域的关注。

我们可以参考互联网 2.0 参与程度的相关数据。事实上，如果 2% 的互联网用户有主动参与行为（如评分、回贴等），事实只有 1% 的互联网用户会创建并发布原创作品。但是，这个数字足以支撑整个网站的内容，同时也显示了大众在交互方面的局限。

1▇ 众多参与者各有所长

◈ 交互娱乐专业人士

无论是独立的游戏制作工作室还是发行商旗下的开发工作室，都拥有非专业人员无法比拟的重要资源。他们大多从事游戏机上的游戏开发，需要游戏机制造商的许可。事实上，许可涉及两方面。一方面，游戏开发者必须通过注册认证成为游戏机制造商平台上的官方开发者。只有官方开发者才能针对 PS3、Xbox 360、Wii、PSP 或 DS 等游戏机进行开发。因此，开发者必须针对每个制造商的每种机器，以及所有地区（如美洲、欧洲和亚洲）进行注册。接下来，官方认证允许开发者从制造商购买开发套件。开发套件通常价格昂贵，对应着最高配置版本的游戏机，套件可以连接到网络或 PC 上。编写和运行游戏程序必须用到开发套件。

除了游戏引擎、专用编程工具和专业技能之外，也只有专业工作室可以获得游戏实际发行、上市所需的认证和许可。事实上，每款游戏都必须经过制造商批准才能上市出售。

◈ 独立开发者

独立的游戏开发者也存在。他们的游戏并不在市场上销售，而是免费发布在专门的爱好者社群网络上。他们并非专业开发者，游戏制作不是他们的日常工作。独立开发者往往需要自己为游戏项目出资。他们大多是电子游戏设计专业或计算机专业的学生、相关领域从业人员，或者是纯粹的游戏业余爱好者。

独立开发者通常使用开源游戏引擎、免费技术和开源软件。有些作品的水平也很高，尽管很少达到商业游戏的规模或深度。PlayStation Network 或 Xbox Live 这类销售平台让他们可以发行游戏并取得收入。

◈ 千禧一代

"千禧一代"也称"Y 世代"，天生就是数字化拥趸。"天生数字化"的年轻人能轻松使用通信技术和计算机技术，这对他们来说再自然不过。他们中许多人能轻而易举地掌握游戏开发的专业技能和工具，足以成为不容小觑的业余开发者。他们几乎人人都是游戏玩家，并对此津津乐道，很多人都曾尝试用关卡编辑器为喜欢的游戏产品制作自己的关卡。其中一些人明确把数字娱乐作为个人前途，将开发电子游戏纳入自己的职业计划。他们恐怕最适合自己创作游戏，并成为游戏项目最丰富的灵感来源。

◈ **广大玩家**

大众玩家或许并未察觉自己已经成为游戏的创造者。当然，我们并不期望大众玩家能以专业的方式创作并实现自己想法，但是，为了与其他玩家互动，他们确实能促进新游戏或游戏元素的诞生。比如，在《模拟城市》（*SimCity*）中创建一个城市并与其他城市连通，就已经是一种游戏的创造。在《模拟人生》（*Sims*）中创建的人物角色也代表着游戏创造。当然，这并非创作了一套完整的游戏，而仅是发掘了游戏中的互动元素。每个玩家通过自己在游戏进展中的行为，直接影响了其他玩家的游戏。如果你玩过网络游戏 *La Brute*[①] 就会知道，这款游戏就是通过控制角色对抗其他玩家而开展的。参与游戏就是一种创作行为，创造各种游戏乐趣。正是这种机制让社交网络变得有趣，而且让人们隐隐觉得这像是一种游戏，尽管这可能并没有任何娱乐的特性。

更高一个级别就是制作游戏关卡。现在，其实每个人都能做到，但很少有人真的花时间去做。例如《赛道狂飙》（*Track Mania*），尤其是《小小大星球》这样的游戏就是例子。玩家可以利用关卡编辑器制作游戏关卡，然后通过索尼的服务器将其提供给其他玩家。这种行为既透明又免费，游戏制造商正是依靠玩家的参与来吸引更多的玩家。

同时，还有卡拉 OK 游戏，如迪士尼的《想唱就唱》（*Sing it*）或《高歌红唇》（*Lips*）。玩家可以用摄像头录制自己的表演，并将其发布在游戏的服务器上，就像在视频网站上一样，其他用户会前来欣赏表演并评分。

---

① http://www.labrute.fr/

◈ 全新行业：严肃游戏

严肃游戏已经正式被许多国家的政府认可，这显示了其重要性。法国原经济、工业与劳工部官方网站曾针对严肃游戏的专业使用给出了如下定义。

"电子游戏业早已超越了提供娱乐软件的业务范畴。如今，通过屏幕提供交互式场景的技术和电子游戏的叙事能力越来越多地被用于培训和传播知识。在过去两年中，电子游戏特有的技术和方法以严肃游戏的形式展现了层出不穷的全新应用领域。其目的是吸引用户前来与计算机应用软件进行交互，将教育、学习、培训、沟通或信息传递与电子游戏的娱乐技术相结合。这样的结合旨在为严肃内容赋予游戏的形式。"

如同官方宣传视频一样，严肃游戏也是将游戏用于公关或培训。严肃游戏虽然发展蓬勃，但尚未形成自己的明确定位，因为人们往往把严肃游戏与"传统"电子游戏相关联，但事实并非一定如此。实际上，严肃游戏比娱乐性软件的用途广泛得多。

为什么呢？

一方面，严肃游戏通过模拟器，不止提供了虚拟的内容。严肃游戏能涉及各个行业，远不同于休闲游戏，能展现各种专业应用的可能性。另一方面，每个严肃游戏项目都有可衡量的目标，无论是教学、广告还是公关沟通。

无论是高难度模拟器，还是容易操作的游戏故事，严肃游戏的本质仍是游戏，因为其目的是利用游戏天生具备的吸引力和激励性来传达信息。就这方面而言，严肃游戏与传统电子游戏同属一类，需要采用相同的设计工具。所以，本书提及的工具也同样适用于严肃游戏的制作。

严肃游戏已形成一个独立的经济领域，包含各种类型的开发预算。然而，这依然只是整个电子游戏产业的一小部分，其营业额远远低于休闲游戏。

但与休闲游戏一样，制作一款严肃游戏也需要特定的技能。如果想开发严肃游戏，你尽可使用本书中的工具，但这里也需要其他专业能力。除非你本身就是开发人员，否则还是建议请专业公司代劳。专业公司可分为两类。

一类是核心业务并非游戏制作的多媒体开发公司。这些公司数量众多，拥有制作出色游戏的技术，如 Flash 或 Java。法国 Ankama 公司的大型多人在线角色扮演游戏 *Dofus* 就是通过这类技术实现。除了个别情况，这类公司的 3D 技术水平十分有限，游戏设计能力也普遍较低。这类公司的优势在于，他们熟悉各种企业公关内容的制作与传播。

另一类是各种规模的游戏开发公司。他们通常拥有制作、开发游戏的一切技术和能力。但主要缺点是其制作的游戏故事太"自由"，对官方公关方式要求的严谨性缺乏了解。

2■ 一天之内制作一款游戏

◇ 利用现成的游戏：创建新关卡

想在一天之内制作一款游戏，最有效的方法就是利用现有游戏，使用其中的图形和音效资源，创建新关卡。如果游戏足够丰富，而且编辑器足够强大，玩家就能够制作出带有自身特点的独创关卡。不过，这必须遵守原有游戏的框架。通过这种方式可以制作各种类型的游戏关卡，比如 FPS 游戏、赛车游戏和平台游戏。在大家喜爱的游戏中，也许就藏着关卡编辑器，例如即时战略游戏《魔兽世界》系列、赛车游戏《赛道狂飙》和平台游戏《小小大星球》。

◈ "交钥匙"工具

现在，网上有很多操作容易的游戏制作工具。和博客创作网站类似，游戏创作网站提供各种极其简单但功能有限的编辑器，也有极复杂且功能强大的编辑器。这些工具可以分为两类。

▶ 一类是在线游戏编辑工具，能让用户在互联网上创建、托管游戏模块。例如 Jcray 网站能让用户"轻松"在线创建自己的游戏①。这就是一个简化的游戏创作软件，不需要特殊的编程技能。

▶ 另一类是可供下载使用的游戏创作工具。其工作方式与信息图表软件类似，在创建或导入个人资源之后，只需将它们"放在一起"就能生成游戏。我们将其称为可视化编辑器，既不要求用户懂编程，也不用写代码。这类可选工具有很多，比如 Game Maker、RPG Maker、The Games Factory、FPS Creator、3D Games Creator。有些工具是免费的，有些则需要付费。不过，用户可以试用演示版本进行评估，再决定是否购买。Game Maker 可能是最好用的工具之一，因为它有一个很大的用户社区，而且可以利用免费平台发行游戏。

以上就是在一天之内制作游戏的可选方案。尽管如此，也请大

---

① http://jcray.com/index.php

家不要太天真：如果真的只花一天时间，很难制作出有趣的游戏，除非你已经对游戏制作的"灵魂"了如指掌。创作游戏和拍电影一样，都是辛苦的工作。想在短时间内获取成果并非不可能，但至少需要投入相应的时间。

3▪ 耗时数周制作游戏

数周时间是理想的折中节奏，业余爱好者既能做出一款质量好的作品，又不会耗费所有空闲时间。无论是个人还是团队，无论目标是制作一款业余游戏还是严肃游戏，以下介绍的方法都会有所帮助。

◆ "交钥匙"工具

正如上节介绍过的，你仍可使用这类工具。但这次，你可以花更多时间来创作优质资源，设计更好的游戏规则体系。这类工具已经能制作出非常好的游戏，即便还没有好到可以发行销售。

◆ 掌握 Flash

Adobe 公司的 Flash 软件是制作低预算、专业品质游戏的理想解决方案。大部分面向大众的在线游戏都使用了该软件制作。但与"交钥匙"工具不同的是，Flash 软件要求一些编程工作。其优势在于实现"跨平台"游戏，因为现今全球大部分个人计算机，包括苹果公司的 Mac 或其他计算机上都会安装 Flash 软件，玩家不需要再安装插件（即额外的软件或程序）。另外，Flash 3D 的使用者也越来越多。但是，Flash 软件的缺点是其许可价格。Sun 公司有类似的免费解决方案——Java。不过，个人计算机上安装 Java 的概率较低，用户也更难接受。

◆ 修改游戏：MOD 方案

修改游戏简称 MOD 方案，即英文 modification 一词的缩写，指的是以一个游戏为基础创建新游戏，或者对原始游戏进行简单修改，有时也能将其彻底改头换面。MOD 一定是游戏的狂热玩家才会采用的方案。MOD 方案不适合严肃游戏，尽管在某些特定情况下，严肃游戏也允许修改。MOD 方案要用到原游戏为此开发的游戏引擎，玩家才能修改或添加元素、修改游戏规则等。最著名的 MOD 案例应该是《反恐精英》，它对 Valve Software 的名作《半条命》进行了彻底的修改。

◆ 使用游戏引擎

想制作高水平游戏，游戏引擎是最可靠、最专业也是最昂贵的解决方案。类似上一种方法，这次也要用到现有的游戏引擎来制作新的游戏引擎。游戏引擎承载了所有的技术可能性，包括显示、制作流程、数据导入和导出，等等。你也可以加入一些特殊引擎，如人工智能引擎、物理管理引擎、声音管理引擎等。使用引擎通常费用比较昂贵，而且，并不是所有引擎都适用于所有平台。除此之外，需要一个真正有能力运用引擎的开发团队。付费引擎有 Unreal Engine、Unity、Gamebryo 等。也有如 Ogre 或 Torque 这样的免费方案，却需要花费更多时间。如果使用引擎中的现有功能，制作方案至少需要几周时间。制作更复杂的游戏则需数月时间。由于引擎都是供专业开发人员使用的，其质量和稳定性都很高。引擎开发者通常会为学校或非专业人士提供免费版本。

在几近专业化的解决方案中，有微软及其合作伙伴提供的系列工具 Microsoft XNA，用于制作个人计算机或 Xbox 360 上的游戏。XNA Game Studio 套件使用 Visual C＃ Express 的免费版本。该方案的优点是可以在 XNA 网络上，即 Xbox Marketplace 游戏商店上发行游戏。

◈ 投入时间

必须为开发项目投入必要的时间。无论选择何种技术方案，时间都是质量的保证。所有技术方案都有其优势，随着时间投入和不懈努力，基本都能实现具有专业水平的游戏。本着这一目的来看，貌似只有"交钥匙"工具不可取了，因为这种方案无法达到相应水平。但这类工具确实适合初学者。

4▣ 营销策略

我们制作游戏，就算是一次小小的个人创作，同时也不要忘记营销策略的重要性。尽管电子游戏设计有时是反映设计者自身想法的个人化行为，但像任何产品一样，设计者必须考虑目标受众，必须意识到游戏是一件要被玩家消费的产品。因此，有必要了解一些营销概念。从设计之初，设计者就需要考虑以下元素，它们对设计既为约束又为辅助。

◈ 竞争对手

首先，设计者要考察有哪些游戏与自己的计划相似，找出竞争产品的优缺点，以其作为参考。研究主要竞争对手，并剖析其创意元素。

◈ 受众

受众是游戏创作的目标人群，除了年龄和性别之外，还要进行更细致的定位。比如，"用户画像法"（persona）是一种从心理学衍生而来的营销方法。通过制作一个或多个虚构人物，全面反映受众目标；然后，确定受众的习惯、品味、文化消费行为、喜好等。尽量完善假设目标，就像这个人真实存在于团队之中一样。大家可以谈论他，将他安置在办公室的某个角落，甚至挂出他的图像、画出其日常消费品的图案……如同给他画像一样，将这个假设受众描述出来。只有确定及研究了受众目标，游戏设计才会适应受众。

◈ 上市计划

上市的日期和时限、产品宣传力度、发行平台，都是营销策略不容忽视的因素。想当年，高清电视尚未普及时，多少游戏开发者在 PS3 或 Xbox 360 上开发了高清电视游戏，结果图形界面和字体根本看不清。多少人自认为时间安排绰绰有余，却因此错过了在电子娱乐博览会①或其他展会上的演示机会电子游戏产业日新月异，一切都在不断变化，绝对不容有片刻疏忽。

---

① 电子娱乐博览会（Electronic Entertainment Expo，简称 E3）是全球最大的年度电子游戏展会，展现了最新游戏作品和未来应用，同时举办各种峰会和小型展览。

◈ **寻找卖点**

设计者需要明确游戏的主要原创元素是什么,与其他游戏的区别在哪里,优点又在哪里。我们将讨论"独特卖点"(unique selling points),这是关键的销售依据。即使卖点不一定代表游戏核心或可玩性核心,也要将其突出,并让人记住。

C. 游戏发行

发行并不一定是首要目的,但与营销一样,也是很重要的考量点。事实上,人们很少只为了自己而做游戏。大众视频作品通过 YouTube 或 Dailymotion 等视频网站最大限度地占据播放和分享平台。而电子游戏当下还不具备这类发行平台。

如果你的目标是发行,就要知道这一选择从一开始就是决定性的。哪怕只是把游戏免费放在网络上,其实也可以获得收入。

◈ **网络**

上文提到的一些技术方案可将游戏放在网络上,面向所有人。如果游戏是用 Flash 软件制作的,还可将其嵌入现有的网站上,比如设计者自己的网站。

如果选择使用游戏引擎中较复杂的方案,则可以创建一个可执行版本,上传到个人网站上,或者独立开发者社区里,例如 GameDev[①]、Game Creators Network[②] 或 DevMaster[③]。这些方法都能让

---

① http://www.gamedev.net/
② http://www.games-creators.org/wiki/Accueil
③ http://www.devmaster.net/

游戏在个人或游戏爱好者网站上转播，其可见程度相对有限。

◈ 游戏机平台：PlayStation Network 和 Xbox Live

专业游戏引擎通常授权在索尼 PlayStation Network 或微软 Xbox Live 网络上发行游戏。微软游戏机平台仍然首选 XNA 语言。这种语言很容易上手，而且有许多在线帮助，设计者能更容易达到较高水平。

但不要忘记，使用这类引擎对技术水平的要求极高。但有意思的是，在这两家制造商的商店平台上发布游戏并不需要成为官方认证的开发者。然而，在这两家商店平台上发布游戏之前，作品必须经过相当严格的验证程序。游戏收入要按一定比例返还给开发者。

◈ 苹果应用软件商店

苹果公司的 App Store 是 iPhone、iPod 和 iPad 专属的应用软件商店。2009 年，众多游戏制作爱好者和自由职业专业人士竞相投入到这个平台上来。

这一商店的运营原理很简单，却预示着电子游戏发行的未来。苹果公司将 App Store 游戏销售收入中的 70% 返还给开发者。产品的托管和销售都由这家美国公司来负责，开发者只负责创作和开发。

苹果公司网站提供免费下载的工作环境，即引擎与工具，不需要开发工具包。网站还提供许多教程和视频可供参考。开发者要做的仅仅是将一台 iPhone 手机链接到 Mac 或其他计算机上，然后运行并测试游戏。

这就是 App Store 成功的主要原因：以开放的姿态吸引更多游戏创作者，既丰富了自身的游戏产品，又让 iPhone 成为游戏创作者不容错过的明星产品。游戏可以直接下载，而且价格低廉。苹果公司的游戏销售规模如此之大，使得今天的 iPhone 成了不折不扣的掌上游戏机，远远领先其他产品。如今，所有厂商都竞相模仿这个成功模式。

◈ **未来**

业余或半职业化游戏发行的未来显然是"非实体"发行。有了公众的热情和各类电子游戏的普及作为前提，伴随着现有和未来设备的水平提高和连接能力的改善，未来一定会出现新的服务类型。

首先，游戏将变得更小，在价格下降后，其销售模式将转变为"冲动购买"。人们会毫不犹豫地花 2 欧元来试玩一个小时，之后，还会毫不犹豫地再多付 3 欧元来购买故事续集或额外关卡。

其次，如同对转型反应较慢的音乐产业一样，我们也应该会看到特定游戏平台的诞生，提供一系列小而精的独立游戏下载网站也会慢慢出现。

此外，针对某个群体或个人偏好的各类标签也一定会形成，人们会欣然花费几欧元购买一些符合自己兴趣的小游戏。

这种现象将改变游戏创作行业的版图，让小游戏创作领域更加活跃。无论是游戏机制造商、发行商还是批发商，都无法从小游戏中抽成，其价格也将降低 70%~80%。当然，超大成本的游戏巨作仍将继续存在，并创下数百万的销售量，中等规模项目也一样。但小作品将会呈现爆发式增长。

D. 崭新的游戏类型

◈ 电子游戏的新大陆

在不到十年的时间里，苹果公司成为科技界的新巨头，革新了个人领域高科技产品的使用理念。首先是 iTunes 在线音乐商店，之后是书籍、电影和电视剧商店，再后是最年轻的 App Store 软件商店。接下来，iPhone 手机超越了打电话的单一功能，改变了人类与移动通信的关系。最后，iPad 顺其自然地彻底改变了人类使用计算机的方式，台式机或上网本被束之高阁。革新获得了成功，其他品牌也纷纷效仿。苹果公司也因此开始被视为电子游戏界的巨头。设备带来的新大陆不仅针对游戏玩家，也针对平板电脑或智能手机等新设备的所有用户。

电子游戏的另一个新大陆称为"社交游戏"，包括从 Facebook 这类社交平台访问的游戏。社交平台为休闲游戏提供了乐土，这种游戏面向所有人，无论是有经验的玩家还是新手玩家。在此方面最厉害的公司包括 Zynga 和 Playdom，他们制作并把控着最受欢迎的游戏产品。这些新游戏的创作者却并非游戏创作的新手。Zynga 的游戏设计者可都是真正的"老前辈"，他们是经历过游戏机黄金时代的专家，现在开始探索休闲游戏的新领域。

社交游戏与手机和平板电脑上的游戏所产生的收入有望超过传统电子游戏产业的收入。正是出于这个原因，又考虑到法国近年新成立的公司大多是小公司，而且都瞄准了这片"蓝海"，我才产生写下游戏设计方法的念头。

◈ 手机游戏的第二次革命

随着 3D 智能手机的问世，更复杂的、接近于掌上游戏机的机制已经出现。智能手机技术可以让手机游戏从 16 色 2D 游戏发展到 3D 游戏。在 20 世纪 90 年代中期，游戏机随着 PlayStation 游戏机和 3D 游戏机的到来，也经历了同样的变革。

iPad 的问世和迅速成功反映出这场革命的大趋势，昭示着我们终将向新时代过渡。苹果公司依靠 iPad 和 iPhone 建立并推广崭新、强大的游戏平台，这是因为这些设备的性能已经足以比拟家用游戏机。iPad 能提供极优秀的 3D 图形游戏，而且自带屏幕，摆脱了高清画质问题的困扰，其成果令人赞叹，一举成为索尼、微软、任天堂等游戏巨头的有力竞争者。

随后，iPhone 也迎来了 Epic Games 的首款游戏《无尽之剑》（*Infinity Blade*）。Epic Games 是微软为在 Xbox 游戏机上发行的热门游戏《战争机器》而创立的工作室。同样来自 Epic Games 的"虚幻引擎"（简称 Unreal）技术是从传统电子游戏领域移植的一项重大技术。Unreal 被公认为市面上制作热门游戏的明星技术。热门游戏指的就是那些占据 Xbox 360 和 PS3 游戏销量榜前十名的大投入巨作。现在，类似级别的游戏也出现在 iPhone 和 iPad 上了。

然而，读者大概能从本书中看出，我并不认为游戏的乐趣源于技术。如果说，我把这次变革看成一场革命，那是因为它标志着移动游戏领域已经彻底迈向职业化。

即便有可能通过虚拟商店发售"小作坊式"制作的游戏，也只有顶级设计者和专业团队才能做得到。例如法国移动游戏开发公司 Gameloft，其开发预算变得越来越庞大。在育碧公司专业知识的长期启发之下，Gameloft 仍以传统电子游戏制作方式构建团队，并成为智能手机传统游戏的领导者。现在，Gameloft 能够提供与家用游戏机娱乐质量相当的游戏作品。

销量最好的游戏如果不是 3D 游戏，就是专家设计的休闲游戏。如《愤怒的小鸟》《割绳子》这样的小游戏是销量榜中的新星，获得了不菲的收入。这些游戏完全不是碰运气的实验，而是专家团队兼顾质与量的整体设计成果。

◈ 明星手机游戏的成功秘诀

我以《愤怒的小鸟》游戏为例分析。作为销量冠军，这款手机明星游戏提供了免费或付费两种版本。而销量榜上的其他休闲游戏也是基于同一机制制作的。因此，我要介绍的原则对其他游戏也适用。

《愤怒的小鸟》的成功秘诀在于，它总是让玩家有充足的反应时间。在任何时候，游戏都不会要求玩家迅速反应，或者强迫玩家在特定时刻做出相应动作。所以，玩家可以自由选择在什么时间采取什么行动。游戏的诀窍是结合思考与精准。玩家必须在观察、思考之后确定将小鸟发射到哪里，并准确地给出投射轨迹。只发射一只小鸟的情况很简单。但玩家可能拥有若干只小鸟，有些背景元素在经过多次打击之后才会移动、倒塌，于是，随着关卡越来越复杂，玩家需要有十足的策略才能应对、过关。

游戏核心必须基于思考与动作的结合。

➡ 动作必须简单：玩家仅需运用一项技能，仅需要一个"输入"，即一个简单手势，就可以执行自己的决定，而精确就体现在这里。游戏要求的唯一物理难度是预测和执行恰当轨迹的能力。

▣ 思考必须包含两个层面。第一层是简单、直接的观察和理解，即小鸟飞行的弹道原理。接下来还有第二层思考，要求玩家多花一点时间，提前计划此后的动作。第一层是战术，玩家根据当前情况做出选择；第二层是战略，玩家必须提前考虑多个步骤。

▣ 简单而有趣的基本互动。用弹弓投掷愤怒的小鸟是很容易理解的互动方式，而且颇具喜感，能直接产生游戏趣味性。

▣ 两级游戏深度让玩家很快进入游戏，并留在游戏中。找到恰当的轨迹，让小鸟击中目标，是较容易掌握的挑战。但假如被击打的目标拥有很好的保护体，任务就会变得非常复杂。从杂耍般的简单投射游戏开始，经过一个个关卡，玩家慢慢看到一款复杂的策略游戏，必须对武器弹药的使用做出计划，才能破坏保护装置，攻击目标。快速而简单的基本挑战让玩家沉浸在游戏中，游戏不断进展让玩家花更多时间去尝试、理解和计划。所以，游戏极具深度，又能迎合从初级到资深的所有玩家。

以上四个简单原则让人觉得并不出奇，但是，《愤怒的小鸟》《割绳子》《水果忍者》《植物大战僵尸》等所有这些简单、有深度又让人上瘾的游戏都应用了这四条原则，促使玩家不断花钱购买下一款游戏，花大量时间玩游戏。

不同于那些复杂而壮观的大游戏，这些质量上乘的小游戏正逐步构建电子游戏的新大陆。

◈ 社交游戏，下一个重头戏

社交游戏是指可以在 Facebook 和 Myspace 等社交网络上玩的游

戏。这类游戏的某些做法还相当有争议，因为其原理大多基于对"成瘾"的运用。如果想了解或设计社交游戏，就应该知道以下四个主要原理。

➡️ 漏斗（Funnel）原理

漏斗原则指出，假设每个玩家在 t 时刻开始游戏，时间越久，离开游戏的玩家数量越多。

一部分试过游戏的玩家在 5 分钟之后就会觉得游戏不适合自己，并选择退出。另一些玩家在玩完一关或一刻钟之后，也因为各种原因退出游戏。半小时或一小时之后，还有更多玩家不愿意或不能再花时间继续游戏。因此，游戏时间越久，玩家数量越少。

但是，当大量玩家在游戏中的同一时刻离开游戏时，就说明游戏在此处需要改进。游戏的改进并不一定与游戏可玩性质量有关。这通常是游戏易用性和即刻用法方面的问题。

➡️ "吸引－留住－变现"循环

"吸引－留住－变现"循环又称 ARM 循环，这是游戏应该尽量让所有玩家遵循的过程。ARM 循环有三个阶段。

第 1 阶段：**吸引玩家**。所有可以吸引玩家的诱惑元素或社交元素都可以考虑。目标就是让玩家尝试游戏。

第 2 阶段：**留住玩家**。这时的目标是让玩家尽可能长时间留在游戏中。制造成瘾机制，并与尽可能多类型的玩家交谈，了解玩家成了根本任务。这就是漏斗原理的减慢工作。

第 3 阶段：**变现**。只有很小一部分玩家会为游戏中的物品付费，他们能买到物品的价格和质量是关键因素。用户购买的总金额要能覆盖游戏免费版本所需的成本。试玩的玩家越多，第 3 阶段的玩家越多。

◆ 拥有好友

这是对抗漏斗原理的最佳方法。吸引的玩家越多，愿意购买游戏物品的人就越多。这个原理基于"病毒式"传播，每个玩家都会带朋友参与游戏。不仅在游戏的开头，稍后多次在游戏过程中，要尽可能地建议甚至强迫玩家邀请朋友。

◆ 让玩家上瘾

科学家曾训练一只老鼠通过按动机关获取食物，结果老鼠只要一有机会就会重复这个动作。因为在大脑的支配下，"获得奖励"的快感如同生存需求（"马斯洛金字塔"第一级）一样重要。虚拟奖励也会被大脑皮层当作真正的奖励。可以确信，让玩家做一系列动作来获得奖励，他就会不断重复。这就是"斯金纳箱"（Skinner Box）原理。"斯金纳箱"是一种实验装置，以其发明者命名，用来简化对老鼠大脑条件机制的研究。

如果我说，人类在这方面比老鼠强不了多少，有人可能觉得不堪或过分，但这确是事实。利用这个可玩性循环原理（目标 > 挑战 > 奖励），仅仅去掉挑战，就可以吸引并长时间留住最广泛的用户。

在我看来，尽管这些原理作为在线社交游戏的设计基础将长期有效，但是它们也会很快发展变化，融入更人性化的社交成分。

然而，这些游戏虽然被称为社交游戏，其目标却并非真正的社交行为。它们只是将人们的社交关系，如 Facebook 上的朋友，当作一种资源，而不是社会关系里真实的人。看看《大富翁》《棋盘问答》（Trivial Pursuit）或《画图猜字》（Pictionary）等知名游戏的社交与互动方式，就能想象出社交游戏的未来。玩家不需要在同一个地方同时玩游戏，也能获得社交互动中的情感。社交游戏、手机游戏甚至传统游戏将很快征服这片新领地。

电子游戏的未来就是多人游戏的未来，而电子游戏的最终阶段就是麦克卢汉地球村里的游戏[1]。

---

[1] 参见马歇尔·麦克卢汉著《媒介即按摩：麦克卢汉媒介效应一览》(*The Medium is the Massage: An Inventory of Effects*)。

第 11 章

构筑游戏可玩性

我写这一章时，已经距离撰写前面各章节时隔五年之久。

在这期间，我一直在育碧公司效力，一半时间在巴黎总部，其余时间在著名的育碧蒙特利尔工作室担任《刺客信条：大革命》的游戏总监[①]。我和我的编辑都认为，电子游戏领域在不停地快速发展，对流程方法的见解与理论也在发生变化，因此我们希望本书的内容也能有所跟进。

这一新章节旨在将读者在前几章中看到的内容与一款知名游戏的实际制作经验联系起来。其中，我将解释自己为构筑游戏可玩性而建立的"优先流程"，对之前阐述的概念进行补充。事实上，前几章介绍的工具在《刺客信条：大革命》的开发过程中都得到了运用，我只是根据团队规模和项目需求做了简单调整。

A. 流程的第一阶段

构筑游戏可玩性的基本原则其实是每个玩家都具备的"常识"。

[①] 游戏总监负责项目的可玩性设计，确保项目的沉浸感、故事性、环境等游戏元素的质量与实现。

我将构筑过程分为三个阶段。

➡️ 首先要确定生产游戏乐趣的"原材料"，这些基本素材是玩家为了实现游戏目标必须完成的动作。

➡️ 一旦确定基本素材，就要将其平均分配到整个游戏过程中。

➡️ 最后，确保玩家能够理解游戏在提供什么、要求什么，自己能采取哪些行动，游戏给玩家设定怎样的目标和一路进展中的障碍。

1▉ 开发游戏核心

第 3 章详细介绍过的"游戏核心"并非大制作游戏特有的新概念，而关乎任何类型的游戏。

最初的创意可以来自任何人、任何主题、任何地方，重要的是能够将其变成游戏。这意味着设计者必须定义一个目标、障碍困难，以及玩家克服障碍、完成考验所需采取的行动。在《刺客信条》中，游戏的出发点是幻想，也就是游戏所展开的各种想象。在这里，刺客想象能够靠近目标而不被发现——作为杀手，他要把控局势。而我们作为设计者的目标就是将这样的想象通过游戏可玩性体现出来。

游戏核心需要一系列元素，其中最重要的是 3C、难度、指示与反馈（见第 3 章）。换句话说，这就是玩家可以做什么、会遇到怎样的障碍，以及如何展示游戏中玩家可以运用的系统。此外还有一个关键要素，即玩家的目标。这是贯穿游戏整体的基本概念，游戏可玩性也要据此来定义。例如，潜伏游戏的目标可以描述为"到达特定位置而不被敌人发现"。玩家的目标和所受的约束都是创造可玩性的基础。

为了确保游戏妙趣横生，就必须进行原型测试。也就是说，以捕捉乐趣为唯一目的，进行大量测试。记住，原型并不是用来测试技术或艺术元素的！然而人们却常常抱有误解。为避免错误，原型制作要做到以下几点。

- ➡ 使用最简单的引擎。
- ➡ 保持简洁，尽可能减少使用动画。
- ➡ 严格限制使用标志和反馈。

不要对原型进行美化。我们需要的是原型的效率，而所有美化的意图都会使人在毫无意识的情况下误入歧途。有个窍门：用其他游戏的资源来验证自己的机制，就能避免过度关注形式。

游戏设计师的工作就是找到有趣的东西，而这指的是"功能"，而非"形式"。形式将会在之后考虑。在任何领域，"形式服务于功能"①都是设计的唯一定律。

此外，应当尽可能让更多人参与原型测试。当你发现人们玩得很开心时，就说明目的达到了：第一步就是要捕捉乐趣（见第 6 章 C 节）。

我在第 3 章讲过宏观可玩性和微观可玩性两个基本元素。对此，设计者要能清楚地分析和确定。我在这里想再详细阐述一下。

a. 挑战

首先，乐趣的关键是难度，必须确定如何产生、如何增加难度。

---

① 在 20 世纪初的建筑与城市设计运动中，"芝加哥学派"的主要代表建筑师路易斯·沙利文以一句话总结了功能主义的原理："形式服务于功能。"这句话的意思是建筑的大小、质量、空间规律和所有其他外表属性只能服从于建筑的功能。

心理学家米哈里·契克森米哈赖[①] 提出的"流境"理论是一切教育体制的基础。该理论提出，难度应随着能力的发展而成比例地提高，从而保持主体一直处在"流境"（flow）状态，这也是最佳的专注状态。这种状态能够让大脑产生令人愉悦的激素——多巴胺，以此对主体所做的努力进行奖赏。于是，"流境"与主体在每一次克服障碍、获得成功时的快感相对应。这一原理也是游戏设计师的工作基础。

其次，找到游戏核心，就是在主要目标框架下，在玩家行为与游戏障碍之间建立起一个关系系统。

最后，明确如何深入、细致地研究玩家行为和障碍，使玩家能有所提升。

游戏可玩性的核心应符合以下原则："上手容易，精通难。"

为了弄清如何制造难度，设计者就必须专注于玩家。难度不体现在屏幕上，而是体现在玩家的行为中。在正确的时刻按下按钮算是一项具体技能。需要我们寻找并转化为游戏的，恰恰就是这类元素——障碍。

玩家技能可以是肢体上的，也可以是智力上的。当你想让玩家在多个敌人之间选择进攻时，你要先问问自己选择的难点在哪里，这样才能给玩家提出有趣的选择。设计者时刻要问问自己，玩家需要做什么来应对困难。通过这个简单的问题，就能对分析原型，更好地理解乐趣从何而来，为下一步的开发做好准备。

本书第 3 章 B 节解释了可玩性组件概念。设计者必须按照这

[①] 心理学家米哈里·契克森米哈赖提出了人文主义创造性概念，并给予了定义。他专门研究过幸福感、创造性和主观舒适感的关联，并提出"流境"的概念。

个原则对组件进行结合或演变，才能确定整个游戏的适当难度和
难度变化。

b."核心环节"即"微观环节"

在第 3 章 B 节，我参照如下原则介绍了游戏环节：

1) 目标

2) 挑战

3) 奖励

通过分割游戏来制造玩家动机时，这个基本框架是不可或缺的。

我现在要介绍另一个游戏环节，即玩家完成目标所要找到、重
复或调整的一系列动作。例如，潜伏游戏的环节就是接近目标而不
被发现。

在图 11.1 中，我们可以看到第一层环节：玩家将首先消灭孤立
的敌人和限制其移动的元素，例如狙击手。之后，玩家干掉目标旁
边的敌人——只要他们对游戏目标构成威胁——并最终对目标发起
进攻。

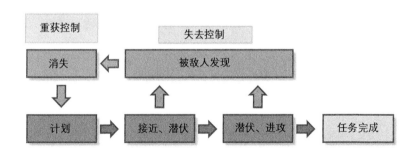

图 11.1 游戏环节

这就是所谓的"固定模式"，也就是说，玩家无论什么情况下都要重复，并根据需要调整的一系列动作。

游戏的"核心环节"必须明确，并尽可能给玩家提供游戏手段。例如，《孤岛惊魂3》(*Far Cry 3*)就提供了可以放大目标的双筒望远镜：游戏环节始于对环境的观察、发现并标注所有敌人，之后再将其消灭。《孤岛惊魂4》沿用了这个方法。而《刺客信条》则发明了新的感官——"鹰眼"用来观察目标和对手，更好地控制局面，进行潜伏，这类似于蝙蝠侠或育碧公司《细胞分裂》(*Tom Clancy's Splinter Cell*)系列游戏的主角山姆·费舍尔使用的热传感成像。

微观环节是对挑战的补充，它代表着玩家适应和应对难度的方法。必须先确定微观环节，尽量使其有效且简单易行。

设计者要确保玩家能够看到并理解微观环节、掌握其中的每一个重要步骤。为此，你可以创建游戏场景和教程，迫使玩家运用微观环节，从而理解它。

通常，一个优秀的游戏设计者能以简单的原理预测自己想要设计的环节。但是，谁都有可能出错，或者，原型会找出比预期更有趣的方向。在这种情况下，请相信你的玩家。观察玩家试玩原型游戏，很快就能发现想要寻找的环节，因为大多数玩家会本能地按照设定的环节进行游戏。若非如此，那就说明原型未能达到目的，设计者就需要加入新想法来产生并明确游戏环节。

2▇ 将核心效应运用到整个游戏中

游戏核心一旦确定，也就是说在分析并确认"核心环节"和"核心挑战"之后，设计者应该把乐趣的基本素材分配到整个游戏过程中，即游戏主体中。

玩家的能力提升机制是游戏中不可或缺的架构，需要在游戏主体中体现。

a. 能力提升机制

玩家都想在游戏中感到自己的能力提升，否则就会停止游戏。建立能力提升机制是游戏留住玩家的关键。玩家必须经历若干阶段才能感到自己有所提高。这可以与叙事（故事的时间和空间背景）结合，也可以与玩家的个人进步结合，比如培养个人能力。

最好的方式是在虚构故事和玩家的提升之间建立共鸣。当玩家对角色进行提升，赋予其新能力来应对困难的时候，游戏虚构世界的元素也同步呈现出相适应的挑战，游戏世界、角色和玩家的行为就这样彻底融合在一起，角色的目标和玩家的目标也能步调一致。

为此，游戏可玩性就要有深度。也就是说，难度跨度要足够大：玩家可以从简单的挑战开始，但攻克最后的难关可能需要数小时的练习。这个深度越大，游戏的提升过程就越长、内容就越丰富，玩家越会觉得有趣。这个深度可以通过在游戏中部署越来越难的区域或关卡来体现，比如安排更强、更快、更聪明、更会协同作战的敌人，等等。

建立能力提升机制的经典做法是列出能力谱，即玩家当前可用的新动作，以及绕过或简化挑战的方法。例如，角色之前只能从后面袭击某个敌人，但现在可以从正面击毁其盾牌。

另一种经典做法则依赖结构更细致的挑战，挑战基于可调整的各种参数。例如，如果能增加角色智力，那么其生命值恢复得会更快。通过购买各种装备，即改变智力等参数的数值，角色会更快地恢复生命、力量，或攻击力对敌人造成的伤害更大。

"增强"（buffs）也是上述两个做法通常会加入的元素。"增强"是指暂时提高角色的某种能力。这是一种具有消费性质的辅助提升机制，为游戏提供了重要的收入来源。

b. 变化

玩家需要在游戏逐步提升的节奏中进行训练。当他再次投入游戏时，也需要跳出这个节奏来，更好地体会变化。因此，变化的时刻是游戏提升节奏中必不可少的呼吸间歇。通常，变化总是携着新颖之处而来。但这并不总是最佳方式。

让我们看看"新奇游戏"这个概念带来的新可能性、新视野和新体验。这些"新奇游戏"一般很少基于挑战，所以往往不会有失败，能给玩家带来一种成就感。这类游戏通常建立在壮观、激烈的节奏上，因此更多关注呈现的方式和刺激的场面。

然而，还有另外一种变化形式，更难以勾画，制作成本更低，但也能为玩家创造紧张的瞬间。这种形式就是取消角色的大部分能力，让玩家只能使用剩下的一小部分能力。

关卡的故事背景必须解释为什么玩家为了避免游戏失败，就不能使用其余能力。由 Infinity Ward 开发、Activision 发行的 FPS 游戏《使命召唤》就是利用这个原则：让玩家没有其他逃脱方法，不得不闯过一排前进中的敌人，从而制造恐慌感。玩家依然可以奔跑和射击，但唯一有效的办法其实是躺在高高的草丛里，躲藏在两队敌人之间，在他们经过时咬紧牙关，不被察觉。

这些变化时刻基于可玩性元素的减少，从而创造出游戏的难忘瞬间。它们一方面让玩家继续使用已经熟悉的功能，另一方面将玩家暴露于危险和脆弱的情况里，削弱角色能力和玩家的控制力。不过，这种情况是由关卡设计师掌控的，并且总需要与低难度的地图设计相适应。这种体验会给玩家留下强烈的情绪感受。

c. 宏观环节

与微观环节一样，游戏的宏观环节，即玩家在更长时间范围内要完成的一系列动作也必须明确。这不仅针对暂时的游戏场景。

在大多数时候，宏观环节与游戏内容的使用方式以及玩家在游戏中的能力提升情况相关。宏观环节的最低目标是完成一项任务，从而获得奖赏，购买一项可以提升技能的元素。

游戏也可以借此机会整合多个能力提升机制，鼓励玩家整体运用技能。例如，玩完"单人任务"能解锁新的"多人任务"。随后，胜利完成"多人任务"，赢取装备，用来挑战下一个难度级别更高的单人任务。

这种方法也可以体现在地理区域的设计上，如《刺客信条》里的"抵达高点"或《孤岛惊魂》里的无线电塔或钟楼。通过前往这些地点，完成攀登顶端的行动，玩家就能解锁周围的新任务，继续能力提升。一旦某个地点的所有行动都成功执行之后，玩家会认为该区域已被清扫和占领，自然就会去下一个区域展开相同模式。

游戏所做的不过是让玩家依据主要故事的独立任务线开展游戏环节，掌握其原理，然后在故事主线之外再现这个环节。当然，最适合的环节应该按照游戏主线来确定。但无论如何，设计者应当明确游戏环节，从而给玩家提供基准，使其朝着最有趣的正确方向发展。设计者还必须鼓励玩家完成所有可能的尝试，尽最大可能完成百分之百的游戏。

3■ 向玩家展现游戏可玩性

无论是游戏挑战，还是微观或宏观环节，重要的是让玩家理解游戏有什么可能性、应该做什么、什么时候做、为什么做、能获得什么。

标志和反馈是游戏挑战的天然语言，它们给玩家必要指示，解释需要做什么以及周围发生的事情（见第3章B节）。

设计标志和反馈的工作量和设计质量经常被低估。但它们能保证玩家简单、迅速地理解并遵循指令——要让人毫不费力的理解，还能记得住。

为此，不能只在界面上下工夫，要利用游戏本身，让玩家通过实际练习来学习游戏环节的各个步骤，并借此使玩家将视觉和声音符号与他所要执行的动作联系起来。

简而言之，设计者要建立一种语言、一种词汇，不要害怕在学习阶段加入真正的挑战，因为人类的情感参与会让记忆更容易。只要学习强度不太大，挑战中的紧张感和压力能确保玩家的学习效果。

B. 流程的第二阶段：系统

游戏环节代表着玩家在应对游戏中问题时的行为方式。每个新场景都是一个新问题，游戏环节是面对并解决问题的方法。我们讲游戏环节，是因为玩家会发现一系列可以取胜的行动，一套可以重复使用并根据每个新游戏场景进行调整的流程。

挑战代表着游戏中问题的难度、游戏场景、关卡设计对难度的体现方式。主要环节完全基于挑战而建立，犹如围绕骨骼的肌肉，是玩家迎战挑战的方式。

系统代表着支撑挑战和环节的正交轴线。这并非产生乐趣的核心，而是乐趣存在的必要条件。例如，潜伏游戏中的侦查系统就是敌方行为的基础，敌人必须对主要角色和其他角色有所反应，哪怕这仅仅是为了呈现逼真的环境和人物。设计团队确定了侦查类型和频率，多少就确定了玩家相应的挑战手段。于是，侦查可以通过视觉、声音或气味完成。游戏场景可以根据侦察系统的各种变化设计出不同难度，例如敌人视野的范围（距离及视角）、每类敌人的典型扫视方式（头部转动角度、视力远近），等等。

通过系统，我们可以根据某种原理对各类元素加以组织。在《法语拉鲁斯词典》中，系统的定义为"单一功能在整体内具有特定关系的元素集合"。于是，游戏就有了战斗系统（略复杂的"猜拳系统"）、定制化系统、难度系统（决定挑战的水平、力度、受影响的游戏元素等）、支配敌人行为的人工智能系统，等等。

大多数系统可以相互作用。其结合的可能性越大、结合的结果越多，就越容易产生不可预测的"系统"游戏。这类游戏为玩家提供了试验场，为其带来惊喜，令其萌生一种期待感，即一种无法准确预测游戏中将会发生什么的美妙感觉。一方面，这是因为系统的相互作用太多，另一方是由于系统中蕴含的偶然性使玩家毫无可能准确判断。

每个系统本身不一定很复杂，复杂性通常来自系统之间的结合。偶然性也是开放性游戏制作配方中的关键原料。然而，对系统的部分控制也至关重要。生成符合逻辑却出人意料的元素虽然至关重要，但这并不意味着可以因此导致混乱，否则将不断地对玩家的行动造成妨碍。

为避免这种情况，设计者就要学会控制偶然性。这意味着构建的系统既可以产生不可预测性，又能让玩家有良好感受。最常见的原则就是对玩家有利。

当然，保留令玩家不愉快的瞬间也是必要的，但必须保证玩家有办法说服自己接受并理解"不利因素"的偶然性，或者是让他觉得是自己没玩好，或者是让不利情况很少出现。

下面，我以在《刺客信条：大革命》中建立的派别系统为例，来说明以上观点。我们要建立一座新兴的革命城市。受先例启发，我们在其中加入一个能自动触发的派别系统，以实现两个目标。

➡ 目标 1：玩家可以置身事外进行观察，比如在屋顶上或其他地方旁观。

➡ 目标 2：为玩家提供潜在的协助因素，如同《孤岛惊魂 3》和《孤岛惊魂 4》里的老虎。

为此，我们定义了一个不再以玩家为中心的反应系统，该系统面向游戏中的所有角色。该系统的各种行为不仅能被玩家触发，也会被任何其他派别的角色触发。

之后我们定义了如下派别。

➡ 红色：游戏中的敌人、坏人，即革命时期巴黎的极端分子，在街上随意挑衅国家卫队之外的任何人。

➡ 蓝色：国家卫队，管理任何不法行为。根据行为的暴力程度，国家卫队会对不法者进行警告（如勒令收起武器）；若冲突已开始，卫队会直接出击。

按照不同反应划分为两类的人群：

- 一旦遭到挑衅或开始冲突即立刻逃走的人；
- 对挑衅予以回击，甚至与极端分子打斗的人。

这三个派别的成员可以随机移动。"极端分子遭遇反抗人群"的场面会随机出现，并随机引发街头打斗。无论哪一方的随机增援都可能激发局势，甚至扩大冲突，因为这取决于是否有增援力量，以及增援人员在城市中的位置和数量。在这种情况下，如果加入"警察"这类角色，那么他们会在冲突产生前制止极端分子，这样往往可以将冲突止于"萌芽阶段"。但是，这样也在冲突中增加了一个新派别。

这一切可以保证实现第一个目标：塑造一个不需要玩家也能运转的活跃城市。

我们一开始就对这个系统进行原型测试，对玩家和游戏角色应用同样的规则。结果，玩家常常遭到警察攻击，很快就会出现挫败感。于是，我们为警察定义了一些"优先规则"。比如，他们首先攻击极端分子，然后才是其他派别。如果玩家不攻击警察，或不在他们眼皮底下挑起争端，警察就不会攻击玩家。

这条规则对消除玩家的挫败感起到了明显作用，并给玩家提供利用警察的机会。例如，玩家实际只需要与极端分子展开争斗，再将敌人引到警察面前即可。接下来，玩家只需躲到一个安全位置等着看敌人被消灭就够了。

系统就是规则，它有意被设计成不平衡的状态，既有利于玩家，又保留玩家失败的可能性。上述的派别系统在游戏测试（游戏开发团队围绕玩家的真正期待进行专门测试）中获得了出色的结果，并最终被发行版本采纳。

C. 脚本游戏与系统游戏的对比

我任职的工作室曾创作过两种极端类型的游戏，因此作为游戏总监，我的经验让我有资格在这里讨论一个问题："脚本游戏还是系统游戏？"

游戏设计的关键是游戏挑战、游戏环节和游戏系统，这一理念在游戏场景上透过关卡设计得以运用。但是在电子游戏中，这些概念不能自给自足，正如我之前讲 4F 原则时说过的。

视觉效果质量、技术的选择、叙事结构都可以改变游戏的平衡。

游戏设计本身就包含了一个策略性选择：制作一款基于脚本的游戏，让每个场景都经过人工设计实现？还是制作一款基于系统的游戏？

我可以用一个简单规则更好地阐释两种选择的相应结果：人工制作的内容越多，单位游戏时间的成本就越高，可玩性就越低；对系统的依赖越多，单位游戏时间的制作成本越低，可玩性就越高。

一方面，系统游戏很容易作为多人游戏，而脚本游戏则相反。除非专门设计多人游戏，但在这种情况下，设计者无法实现单人游戏，除非增加预算，再单独制作单人游戏。

另一方面，脚本游戏更容易处理变化和呈现场景。设计者完全控制着每个元素和运用元素的节奏，可以随时决定加入新奇的游戏瞬间。这样一来成本虽高，但各种元素能自然融入到制作过程中。系统游戏中的变化却更难实现。事实上，掌握系统游戏的难度和变化需要大量游戏设计方面的专业知识，因为设计者必须对系统有信心，知道如何构建、调整系统，如何以及何时让系统失衡。

最后，系统游戏是非线性的，能给玩家提供无穷的尝试和结果。

相反，脚本游戏基于线性进展，往往是叙述性的，并能以电影风格呈现。

这一选择将会对游戏产生巨大的影响，为了完成所需的游戏长度，所有游戏元素都要依据这个选择来设计制作。

D. 为每一位玩家而生的游戏

我在 2014 年的"蒙特利尔国际游戏峰会"（The Montreal International Games Summit）上做了题为《下一代游戏机:〈刺客信条〉的新天地》[①]的报告，解释了我眼中未来三年里 AAA 级游戏的定义[②]。但是，这三年之后的情况却很难预测，因为游戏业与新技术、新应用紧密相关。

Twitch[③] 的使用在我看来就是最好的例子。这项被游戏玩家广泛使用的服务现在已经与游戏机的核心系统相关联。因此，我们相信它基于经验分享、用户生成内容和电子竞技比赛，会有很好的前景。

今天，围绕这些新工具构建的游戏还不多，但它们很快就会成为 AAA 级游戏机游戏的必备工具。这一现象或多或少已经在个人电脑游戏上成为现实。

[①] *Prochaine génération en ligne: les nouvelles frontières d'Assassin's Creed Unity*, www.migs14.com

[②] 在电子游戏产业，AAA 级（也称 3A 级）是分类术语，代表拥有最高开发预算、最高营销水平和最高制作水平的游戏。

[③] Twitch 原为 Twitch TV，是一家提供电子游戏、电子竞技及相关节目的流媒体和视频点播服务网站。其办事处设在旧金山，公司于 2014 年 8 月被亚马逊收购。

现代游戏的以下五大主要特征就是玩家产生玩游戏动机的主要原因。

1 ▣ "新一代"追求的沉浸感

这是一种不一定与开放的虚拟世界相关的沉浸感，比起单纯的视觉效果和高质画面，它能带来更强的真实感。沉浸感与真实且合乎逻辑的世界紧密相关，后者以严密而互动的方式运转。这不仅是创造一种格外逼真的视觉和声音沉浸感，而是构建一个活生生的世界，其中的居民好像也真实存在，他们可以移动、相互交流，尤其是，玩家能引发他们的反应，同他们互动并得到连贯的回应。当然，游戏的逼真程度和音效越好，沉浸感的质量越高。从此，生命和世界的逻辑就成了必备的基础。

2 ▣ 留给玩家更多的自主权

这里说的是自由和尝试，这是新一代游戏的重要概念。

玩家应该尽可能自由。无论叙述故事还是"隧道式"关卡，都要尽量避免在固定线路上呈现游戏。

所谓尝试，就是给玩家提供在当前世界中造成各种反应的工具。工具和系统必须像乐高积木那样可以随意组合，让玩家有机会尝试并找到自己的解决方案和偏好。换句话说，让玩家得以自我表达，创造并拥有自己的游戏。为此，大部分游戏应该是系统游戏。

3▇ 控制力

这里讲的是玩家应对游戏挑战和开发自身技能的能力。虽然这一经典特征已在前几代游戏中得到广泛使用，但我要再次强调，这是游戏乐趣最纯粹的核心。

4▇ 归属感

这对应着 AAA 级游戏中的"社交"概念。随着新一代游戏机的联网率飙升，社交网络和更多网络沟通不断普及，这已成为 AAA 级游戏机游戏必不可少的创作元素。社交的可能方向众多，设计者应该知道基于哪些动机来构建游戏：竞赛、合作、归属、分享、表达、社团……

5▇ 长期目标

这是一项经常被遗忘的元素，它却是支撑游戏整体的基石。游戏必须给玩家设立一个更长远的目标。这并不影响短期或中期目标的设立，但所有目标都应该与其保持一致，并为实现这一最终目标而服务。根据游戏的广度，可以为不同类型的玩家设定多个长期目标。无论如何，长期目标必须与某个关键的人性动机相对应。上述给出的几个动机只涵盖了某些可能目标，相信一定还有其他不同选择。

***

不管怎样，游戏设计可以着重关注某一方面，将其作为游戏的特点。但是，设计者一定要对我所提到的各个方面进行思考，决定保留哪些，放弃哪些，为自己的游戏做出选择。游戏架构中包含的内容越多，游戏就越能广泛满足不同类型玩家的期待。而目标玩家类型越多，游戏获得的潜在受众就越多，从而越容易创造商业成功。

后记
游戏设计的未来在哪里？

我将从怀旧游戏开始展望游戏设计的未来。这也许出乎大家的意料。怀旧游戏的收藏家热爱并收藏过去的老电子游戏。我曾多次接受一家怀旧游戏杂志的采访，也因此结识了一些怀旧游戏爱好者。这些人为游戏设计做出了巨大贡献。他们将所有搜集到的旧杂志、旧文章进行数字化整理，购买并收集旧款游戏机和经典游戏，还把一切在互联网上免费分享。大家可能没有意识到，这群人正在以认真、严谨的态度完成一项不可或缺的记录工作，这将对未来的历史学家们提供极大帮助。

不曾体验电子游戏早期作品所带来的乐趣的游戏爱好者，如今可以通过互联网来重温 20 年前的游戏世界——一种完全不同的游戏方式和游戏体验。对比之后，我们可以说，电子游戏面临的进化趋势是不变的。电子游戏实践注定会因互联网而改变，而电子游戏的普及也将促进相关知识和方法论的形成。

◈ 去实体化

游戏设计的未来首先是大众化。现存的游戏经济模式不可能持久，因为这种模式难以让所有参与者获利。以游戏机为例，商店销售的盒装游戏收益中 70％~80％将流向经销商、分销商和制造商。去实体化游戏则不再需要这些中间商，成本就会大大降低。不得不承认，在 PS3 上售价 70 欧元的游戏已经算相当昂贵了。

除了去掉中间商使得价格下降之外，非实体化也将使我们从产品逻辑转向服务逻辑。玩家将不再从商店购买产品，而是租用或购买数字服务。大型多人在线角色扮演游戏已经跨出了这一步，玩家不需要在游戏机上插入光盘就能联机游戏。

除了降低价格，服务逻辑还帮助游戏转型，两者相互促进发展。由于价格更低，玩家会更愿意尝试新游戏；由于试玩更容易，玩家会接触更多游戏，并在发现真正喜欢的游戏时，为整版游戏付费。

现今的游戏演示也会有所改善，比如提供长达一小时的试玩时间。这将逐步转变为未来的游戏演示模式。今后，游戏故事中的关卡和需要一次性购买的昂贵组件将由可下载内容（DLC）构成。经济模式的转变同样也会改变游戏的设计和构思方式，令游戏或多或少以章节形式构成。像俄罗斯套娃一般的游戏系统将成为游戏不可或缺的结构组成。

游戏一旦可以下载，将会出现更多的在线多人游戏。游戏消费会增加，同时造价变得更便宜。玩家将玩到更多游戏，养成一种短时间、高频率的日常游戏习惯，就像看电视、阅读或听音乐一样。

游戏联网成为必然，并将成为新的社交中心。这些现象都将使电子游戏更广泛地普及。同时，得益于游戏的普及，更多人会想自己制作游戏。于是，游戏制作可能会出现与大众创作视频风潮相似的发展趋势。

有了适合的环境，"玩"游戏一定会引发创作和分享的意愿。游戏设计技能和设计工具也将被所有人掌握。

◈ 迈向有形的游戏设计

游戏设计在 10 年前被忽视，如今算得上一门艺术了，只是仍不大被重视。事实上，游戏设计者的概念还不是很清晰。人们对游戏设计地位的看法不是过高，就是过低。

游戏设计知识在先后经历了经验化和理论化之后，将变得越来越具体，不断出现在书籍和文章中，一开始仅针对专业人士，然后被大众读者关注。大家眼前的这部著作恰好是一个例子。

教授电子游戏设计的学校也需要更多的教科书和理论来支持教学工作。直到今天，人们误以为只有厌倦了开发工作或工作不顺的专业人士才会去学校教书。相信明天，专业的教师将会出现。一些专业人员已经在从事电子游戏的理论研究，并以学术论文推进该领域的知识体系发展。这样的发展活力必然会漫延到各大院校的教学中。

如同电影艺术一样，我们将会看到分析学家、历史学家和美学家提出关于电子游戏设计的各种理论，并把它们传授给渴求创作的学生们。只有具备了相应的知识，形成了具体的思想，并经过研讨和辩论，游戏设计才会成为一门学问。可以肯定的是，游戏设计将会孕育出一种公认的电子游戏语言。

◈ 设计工作室的工作法发展

若说电子游戏语言已现萌芽，它还远没有完全成形。早在 20 世纪 20 年代末，电影艺术就具备了自己特有的基本语言原则，但重要的风格效应则在此后才慢慢出现，如景深或跳格剪辑。

本书整理了电子游戏语言的工具清单，未来一定会有新工具出现。游戏创作的增长将带来新需求、新方法和新的语言元素。因此，游戏设计工作室和生产商将不停更新他们的知识体系和工作法。一方面，互联网迅速普及，非实体传播也改变了内容的划分方式，因此，一定会出现新的游戏技术。另一方面，游戏设计和剧本创作将继续协同发展，寻求融合的可能性，以便提供更有意义、更富情感的沉浸式游戏体验。

◈ 媒体的融合

电子游戏的未来也将涉及所谓的"360°计划"，也就是将游戏与各种媒体融合。这一思路的价值不在于产品，而在于知识产权，即角色和剧情所处的世界。知识产权对应的概念是品牌，其特殊之处在于它属于一种文化内容。

因此，知识产权将运用在多种媒体上，从而更有效地触及目标受众。其用意不仅在于保证品牌获得更高的知名度，而且还能带来更多的收益。

电子游戏，尤其是大制作电子游戏的未来将转向电影和电视等其他媒体。想象一下，你喜欢的游戏被改编成电视连续剧，并在主流频道的黄金时间播出，或是被大导演拍成电影，甚至还可以发行相关音乐、小说、漫画……这类衍生产品的数量和业务收入都很可观。这一定是大制作游戏的未来。

针对每种媒体的作品各不相同。但是，各领域的创作工作都要与其他媒体相适应。所以，我认为电子游戏的创作也将因此出现变化——并非在电子游戏语言的层面上，而是在创造游戏世界和引入世界起源的方式上。

事实上，电子游戏世界只能通过其表现形式来丰富。神话般的世界，或者说，如同《指环王》的作者托尔金或《沙丘》的作者赫伯特笔下的恢宏世界，还远未融入游戏开发领域之中。很少有人意识到，创造一个世界首先要在文字中展开想象，然后才能以画面形式存在。

而这项基本创作必须与其他类媒体创作相结合。按照预计的媒体形式来创作人物和世界，一定会成为未来几年游戏创作的主要任务。将电视剧中的世界移植到游戏中是远远不够的，反之亦然。每种媒体形态都要求对作品进行特有的修改，因此，媒体形态也会影响实质内容。每一种媒体都是独特的，有着不同的结构，但也有同一性要求。

电子游戏创作必将不断变革，必将学会创造完整的世界、强大的人物、丰富的剧情，并以游戏可玩性或故事形式来表达。故事可以划分或不划分章节，玩家可以参与故事走向，分享自己的感想、欲望等。

◈ 创作的新领域

弗洛伊德提出的"恐惑"（uncanny）理念，或者说，由恩斯特·詹池在《恐惑心理学》（*On the Psychology of Uncanny*，1906）中提出的"令人不安的奇怪感"，都谈到了模仿人类的问题。机器人科学家森政弘根据这一理论提出了"恐怖谷"（uncanny valley）的假设：我们越想逼真地模仿人类，结果就越不真实可信，人眼就越容易通过那些细节识破这是假人而并非真人。森政弘还提出，一旦假人的模仿程度超过能被人识破的限度，假人就会突然变得十分可信。

这个理论也适用于制作 3D 人类表征和设计电子游戏人物。"令人不安的奇怪感"很快会被突破。想象一下，我们可以用一种可信方式 3D 模拟一个人物，让他完全按照我们想要的方式行动。演员们也许会担忧，因为娱乐界可能将不再需要他们。同样，我们还能让电影里的传奇人物复活。

这种可能性会令情感更加突出。在此之前，由于人物不够逼真，因而往往也缺乏情感冲击。今后，电子游戏将具备电影般的情感冲击力。也许当下还做不到，但毫无疑问，这样的技术将很快问世。

那么，未来到底会发生什么？特别是，各类技术将如何改变玩家的游戏体验和感受？很显然，游戏设计将不得不经历深刻的变化。游戏创作必将侧重于人物真实感情的呈现，注重游戏情感和戏剧核心。这样一来，电子游戏才能最终成为一门真正的互动戏剧艺术。